宝石からレアメタルまで

鉱物大事典

美しい形や色のひみつを科学で解き明かす

はじめに

私たちにとって，「鉱物」はとても身近なものです。道ばたに転がっている小さな石も，海岸にそびえ立つ巨大な岩も，どちらも科学的には「岩石」であり，それを構成するのが鉱物なのです。

鉱物によって色，形，硬さなど，その特徴も実にさまざまです。ダイヤモンドやルビーのように，「宝石」として古代から人々に愛されてきた鉱物も数多くあります。見る角度によって色を変えたり，紫外線を当てると蛍光したりといった，不思議な鉱物もあります。

鉱物は美しいだけではありません。日々の暮らしの中にも，さまざまな鉱物が使われています。銅や鉄，アルミニウムといった金属は，身のまわりのあらゆるものに含まれています。レアメタルとよばれるリチウムやネオジムなどは，スマートフォンや自動車に欠かせない重要な元素です。

この本では美しい写真とともに，鉱物の性質や雑学的な知識，さまざまなデータなどを紹介しています。奥深い鉱物の世界をぜひお楽しみください。

1 「鉱物」とは何だろうか

2 宝石としても愛される身近な鉱物

3 まだまだある　個性豊かな鉱物たち

4 私たちの暮らしに欠かせない鉱物

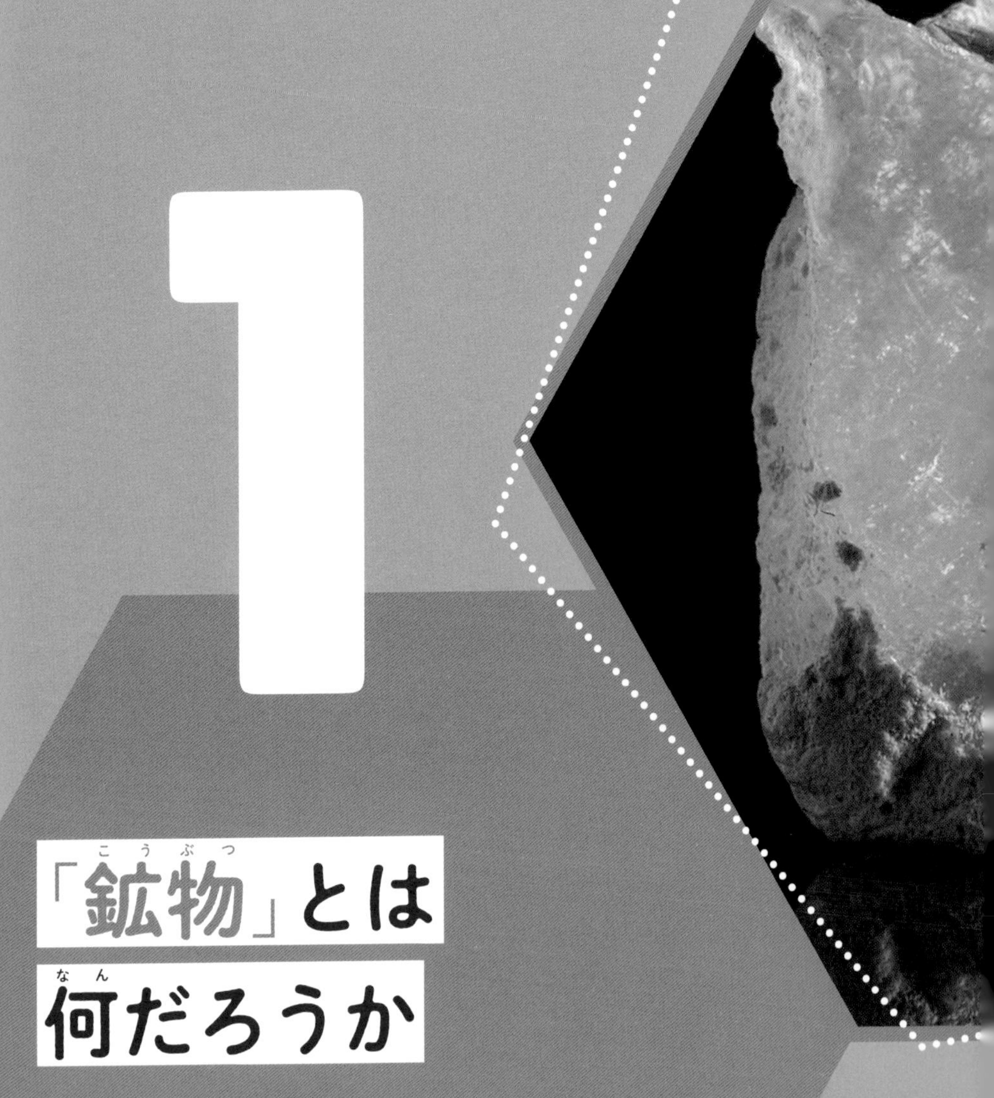

1

「鉱物」とは何だろうか

高価な宝石は，そのほとんどが鉱物です。しかし，足元に落ちている石も基本的には鉱物なのです。鉱物には，色や形，硬さなどがことなる，多種多様なものがあります。第1章では，このような鉱物がどこでつくられて，どのように分類されているのかを紹介していきます。

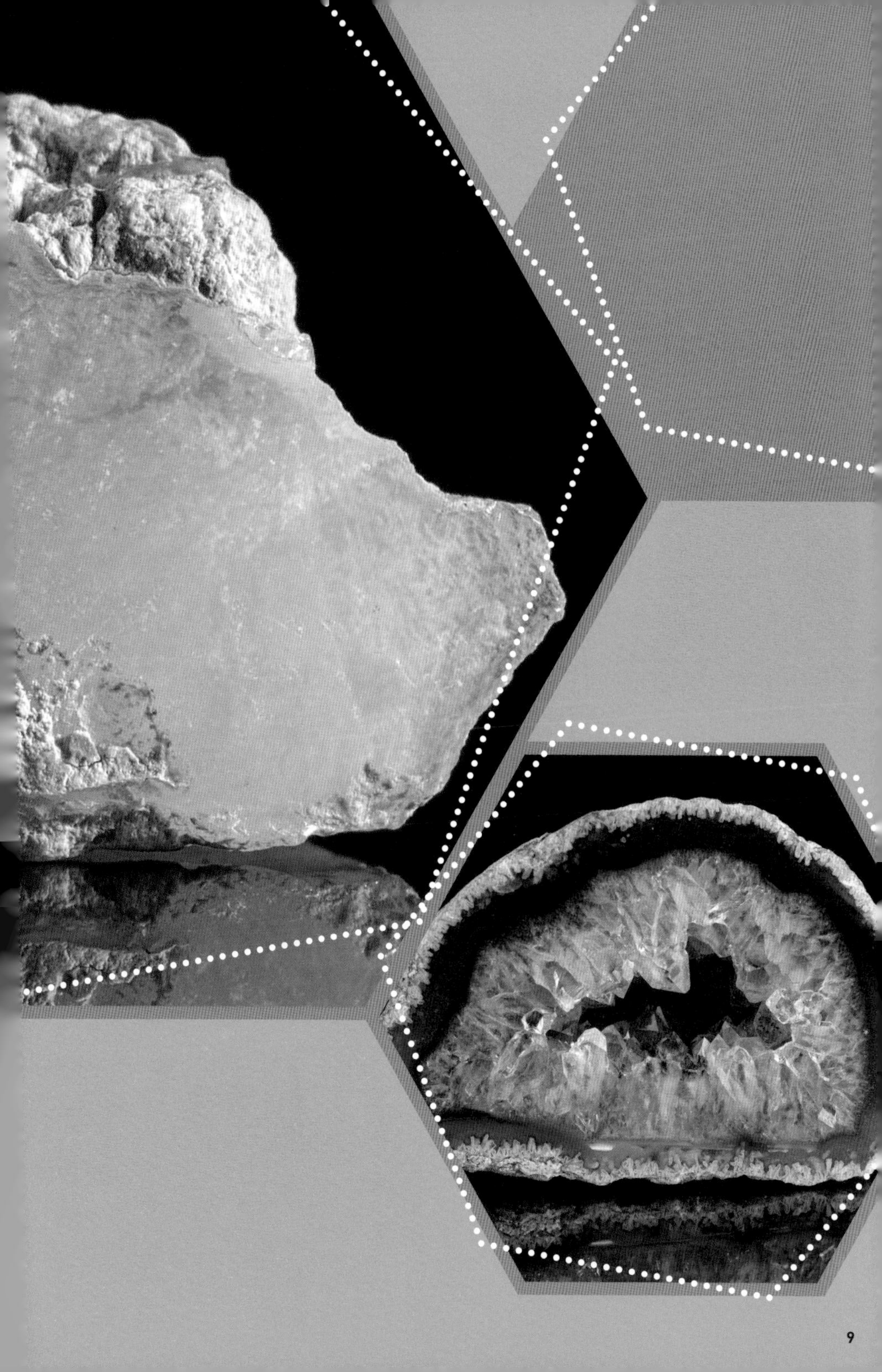

岩石にはさまざまな「鉱物」が含まれる

「鉱物」とは何でしょう？ 国際鉱物学連合（IMA）によれば，**鉱物とは岩石を構成する無機物の固体であり，特定の化学組成と結晶構造によって特徴づけられます**。ただし例外もあり，常温では液体である自然水銀や結晶構造をもたないオパールも鉱物として認められています。また，琥珀は木の樹液が化石となったもので有機物ですが，鉱物としてあつかいます。

岩石にはさまざまな鉱物が含まれています。たとえば石材として使われることも多い花崗岩は，主に「石英」「角閃石」「長石」「黒雲母」などで構成されています。

鉱物を構成するのは元素で，それぞれの粒を原子といいます。原子が規則的に並んで結晶構造を形づくり，鉱物となるのです。たとえばダイヤモンドは，元素である炭素の原子が，立体的に規則正しく並んでできています。

一般に，鉱物の名前は「宝石」として知られているものも多くあります。代表的なのはダイヤモンドや水晶，エメラルドなど。コランダムという鉱物のように，色によってルビーまたはサファイアと，ちがう名前でよばれるものもあります。**また資源として有用な鉱物や，それを含む岩石は，「鉱石」とよばれています**。

さまざまなよび方

岩石	さまざまな鉱物が集まってできた「岩」や「石」とよばれるものは，すべて岩石です。
宝石	人間にとって希少価値があって美しいものは宝石とよばれます。
鉱石	岩石や鉱物の中で，経済的に有用なものを鉱石とよんでいます。

岩石を構成する鉱物

岩石は，どこでどのようにしてできたかで分類されます。岩石に含まれる鉱物を「造岩鉱物」とよび，その種類や割合などを観察することで，岩石の種類を判定します。なお，岩石がさまざまな鉱物が集まったものであるのに対して，鉱物は原子が規則正しく並んだ結晶構造をもつ，天然の固体をさします。

花崗岩
陸地をつくっている岩石で，建物の外装や墓石などに用いられます。白雲母と黒雲母を含む「複雲母花崗岩」や閃緑岩と花崗岩の中間の性質をもつ「花崗閃緑岩」など，構成する鉱物によって細かく分類されます。

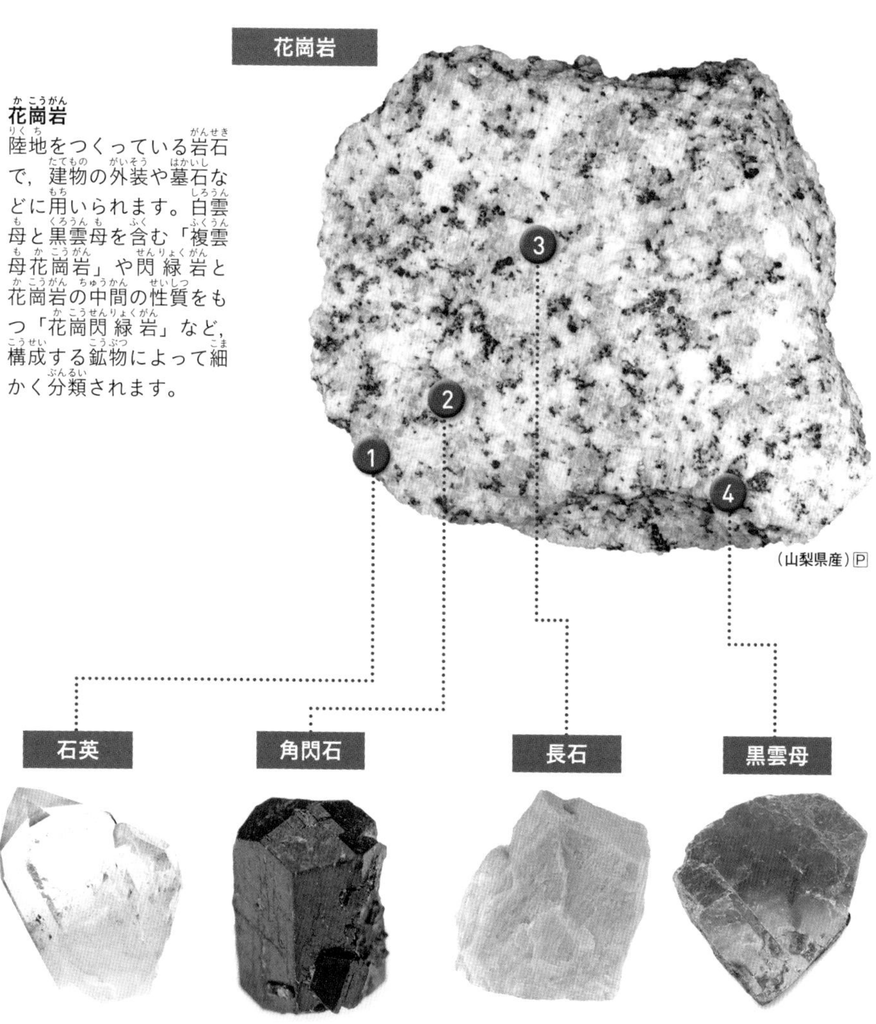

（山梨県産）Ⓟ

石英：ほとんどの岩石に含まれる透明な鉱物。不純物の含有量などが，色のちがいとしてあらわれます。

角閃石：黒や暗緑色，褐色で柱状の鉱物。ガラス光沢をもち，割れ目は光を強く反射します。

長石：地殻中に最も多く存在し，成分のちがいによって「斜長石」と「カリ長石」に分類されます。

黒雲母：雲母は板状の結晶で，薄くはがれるのが特徴。平らな面は光をよく反射します。

地球の活動で岩石は生まれる

岩石は，どこでどのようにできたのか，その成因によって大きく「火成岩」「堆積岩」「変成岩」の三つに分類されます。さらに火成岩は，マグマが冷え固まったもので，地表近くで急速に冷却された「火山岩」と，地下でゆっくり固まった「深成岩」に大別されます。

堆積岩は海や湖の底に降り積もった砂や泥などの堆積物が押し固められたものです。堆積物には生物の遺骸や火山灰などもあります。

これらの岩石が地下で熱や圧力などの「変成作用」を受け，鉱物の種類や大きさなどが変化すると変成岩になります。

岩石は姿を変えながら循環している

図は，岩石が生成される大まかな場所を示しています。火成岩は，マグマが冷えることによってつくられます。隆起などで地表にあらわれた岩石は，風化や浸食によって細かい粒となり，水底に堆積して堆積岩となります。地表の岩石はプレート運動などで地下に沈み込み，熱や圧力によって変成岩になります。一部はとけてマグマとなり，再び火成岩に生まれ変わります。

3種類の岩石の特徴とは

火山岩

安山岩（群馬県産）Ⓝ

二酸化ケイ素の割合が，玄武岩と流紋岩の中間の火山岩。灰色のものが多い。

流紋岩

二酸化ケイ素が70％以上のマグマが固まってできる。筋状の模様が特徴。

軽石（小笠原近海海底火山）Ⓟ

マグマが減圧されて水などが気化して抜けたため，小さな穴があいている。

黒曜岩（島根県産）Ⓟ

流紋岩質のマグマが急速に冷えて，結晶構造がほとんどできずに固まった岩石。

深成岩

斑レイ岩

玄武岩質のマグマが，地下深くでゆっくりと固まった岩石。

閃緑岩

安山岩質のマグマが，地下深くでゆっくりと固まった岩石。

堆積岩

礫岩

岩石が砕けてできた砕屑物で，粒径が2ミリメートル以上の「礫」が固まってできた岩石。

泥岩（群馬県産）

粒径16分の1ミリメートル以下の「泥」の堆積岩。

石灰岩（栃木県産）Ⓟ

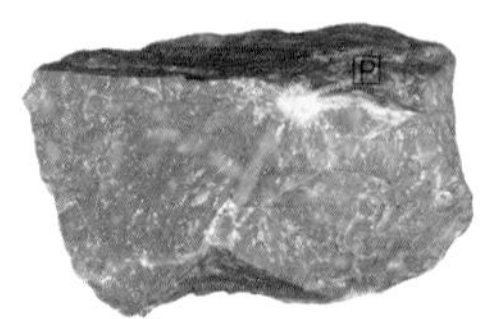

炭酸カルシウムを主成分とする岩石で，方解石という鉱物で構成されている。サンゴなどの遺骸でできる「生物岩」。

火山活動によってつくられる火成岩は，火山岩と深成岩に分けられます。**それぞれ含まれる鉱物のちがいによって，いくつもの種類に分かれますが，大きな要素は主成分である二酸化ケイ素の割合です。**一般的に二酸化ケイ素が66％以上のものを酸性岩※とよび，花崗岩などがそれにあたります。

堆積岩は，それを構成する堆積物の種類によって分類されます。風化などによって砕かれた岩石は，粒子の大きさのちがいでよび名が変わります。そのほか，火山灰が固結した凝灰岩や，生物由来の石灰岩，チャートなどがあります。

変成岩には，方向性をもつものと，結晶がランダムに成長するものがあります。熱の影響でできる接触変成岩で代表的なホルンフェルスには，再結晶による菫青石や紅柱石などがみられることが多く，広域変成岩である片岩や片麻岩には，片状構造（片理）や縞模様などがみられます。

※：現在は珪長質岩というよびかたをする。

砂岩（千葉県産）Ⓝ

粒径が16分の1～2ミリメートルの「砂」の堆積岩。風化しにくい石英や長石が，主な鉱物。

凝灰岩

火山灰など，火山噴出物が堆積してできた岩石で，「火山砕屑岩」に分類される。さまざまな種類がある。

チャート

放散虫など，ケイ酸塩の殻をもつ生物の遺骸が堆積してできた「生物岩」。

変成岩

ホルンフェルス

砂岩や泥岩などの堆積岩が，マグマの熱を受けて変成した接触変成岩。密に詰まっているので，非常に硬い。

結晶質石灰岩（茨城県産）Ⓝ

石灰岩がマグマの熱で変成した接触変成岩。方解石が再結晶して，粒度が粗くなっている。

角閃岩（愛媛県産）Ⓝ

玄武岩や斑レイ岩が地下で高圧を受けて変成した。角閃石と斜長石で構成される。

結晶片岩

プレートの沈み込み帯など地下で，熱や圧力を受けて変成した。「片理」とよばれる構造がみられることもある。

片麻岩

片岩よりも高温の地下深くで，再結晶などの変成作用を受けた。

蛇紋岩

マントルを構成する橄欖岩が，地上に上がってくる過程でできる。

ダイヤモンドはマグマの中から飛びだしてくる?

ダイヤモンドの結晶構造は，地球内部の高い圧力と温度によってつくられています。

高圧で合成※1**する人工ダイヤモンドの生成過程から，ダイヤモンドの誕生と成長には「高温の液体」が必要だとされています。**たとえば深度150キロメートルに相当する5万気圧・1300℃を再現しても，炭素がダイヤモンドになることはありません。一度，ニッケルや鉄などの合金の液体に炭素をとかすか，触媒を用いる必要があるのです。同じように，マントルの中でも高温のとけた岩石の中に炭素が単体で存在し，その液体が冷えていくことによって炭素原子が集まり，ダイヤモンドとして成長していくのではないかと考えられています※2。

地下深くで誕生したダイヤモンドは，「キンバーライト・マグマ」とよばれるマグマによって地表へと運ばれました。このマグマは地下深部200キロメートルより深い場所で発生し，音速以上の速さで地上に上昇したと考えられています。**急激な上昇は，ダイヤモンドを瞬間冷凍のように急激に冷やすため，もとの原子配列が保たれると考えられます。**

※1：人工ダイヤモンドの合成方法には，高温高圧（HPHT）法，化学気相蒸着（CVD）法など，いくつかの手法がある。
※2：天然のダイヤモンドの生成過程については，まだわかっていないことが多い。

とけながら成長する

もし，ダイヤモンドが岩石に囲まれて成長したならば，岩石の割れ目に沿った形に成長する結晶も出てくるはずです。しかし，多くのダイヤモンドが同じ結晶の形をしていることからも，ダイヤモンドは自由に成長できる液体の中で成長したと考えられています。

ダイヤモンドは地下150 ~ 250キロメートルのところに多い

ダイヤモンドが多いのは，上部マントル層（深度150〜250キロメートル）だと考えられています。地球の内部は，深くなるほど圧力と温度が高くなり，深さ30キロメートル付近でも，その温度は数百℃で圧力は1万気圧をこえます。

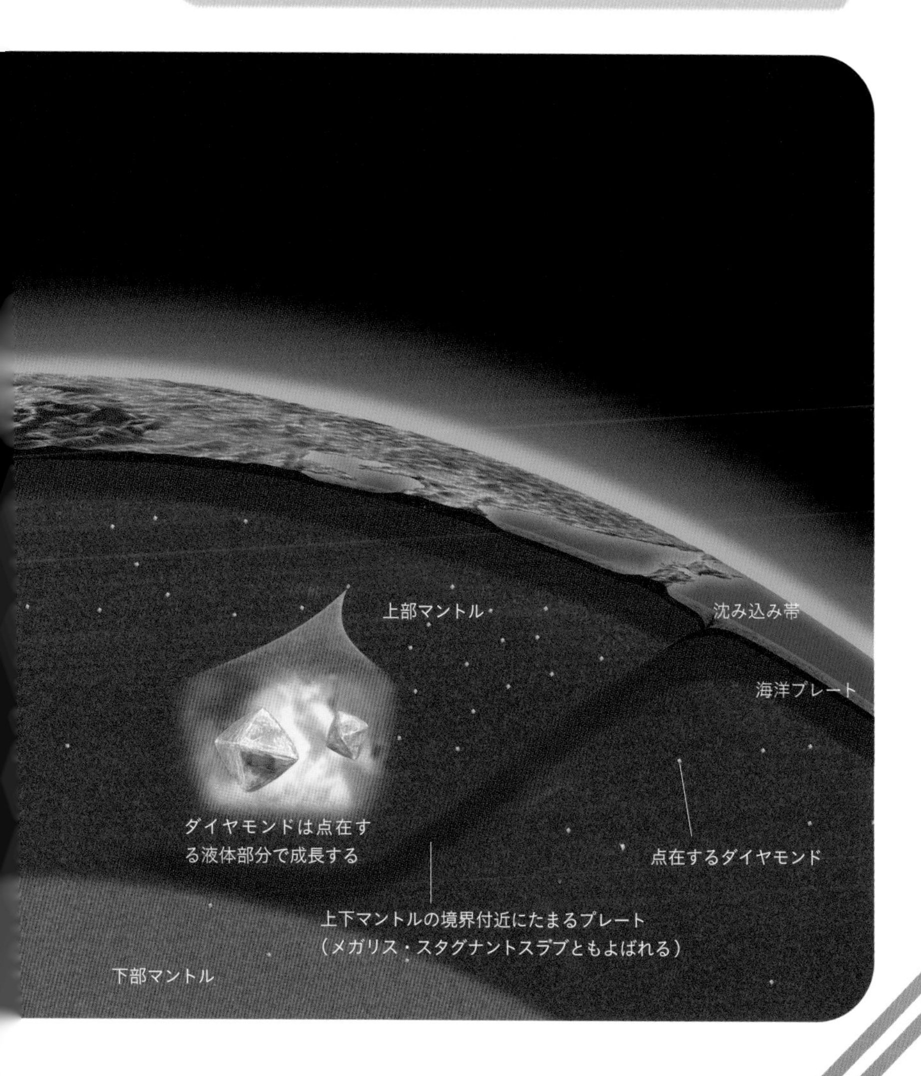

鉱物の分類方法と名前のつけ方

鉱物は，基本的に化学組成と結晶系とよばれる原子配列によって定義されます。新種は国際鉱物学連合（IMA：International Mineralogical Association）の新鉱物・命名・分類委員会（The Commission on New Minerals, Nomenclature and Classification）で審査され，承認されると「鉱物一覧（List of Minerals）」に掲載されるしくみです。2023年10月のリストでは，6000種近くの鉱物が掲載されています。

鉱物を見分けて特定するためには，化学組成と結晶系のほか，右に示すような色や形，割れ方など，さまざまな物理的性質を調べます。これらの物理的性質については，以降のページでくわしく解説していきます。

IMAが認定した正式な鉱物名（学名）は，欧米文字で表記されます。命名には産出地や研究者の人名などが選ばれることが多いようです。

ただし，日本では漢字をあてた和名でよばれる鉱物が多くあります。そこで本書では，日本で一般的に使用されている和名と正式名称を併記して紹介しています。

本書のデータ表記について

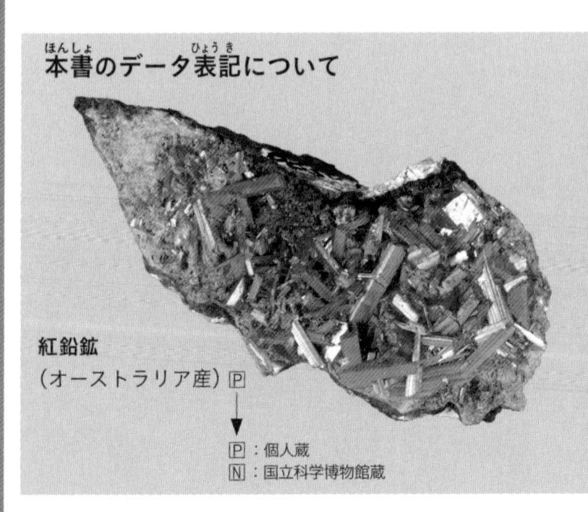

紅鉛鉱
（オーストラリア産）Ⓟ

Ⓟ：個人蔵
Ⓝ：国立科学博物館蔵

紅鉛鉱（Crocoite）←和名（学名）

DATA	
分類	クロム酸塩鉱物
結晶の外形	柱状
色・条痕色	橙赤・黄〜橙
硬度	$2\frac{1}{2}$ 〜3
劈開	1方向に明瞭
比重	6.0
結晶系	単斜晶系
化学式	$PbCrO_4$

化学組成

含まれる元素によって，大きく10種類のグループに分けることができます。(20ページ)

外形

結晶系や結晶が成長する環境によって，それぞれ特有の形をあらわすようになります。(28ページ)

色

含まれる元素のちがいが色にあらわれます。また蛍光などの特徴をもつものもあります。(24ページ)

条痕

鉱物を粉状にしたときの色。陶器製の板などに鉱物をすりつけて，色を見ます。(26ページ)

硬度

鉱物ごとに硬さがことなるため，「モース硬度」などの指標を用います。(22ページ)

劈開

結晶構造によって特定の方向に割れやすく，割れ方に特徴があらわれます。(22ページ)

比重

水とくらべたときの重さによる判定。真贋を分ける際にも役立ちます。(26ページ)

結晶系

原子の並び方（結晶構造）で，7種類（もしくは6種類）に分類できます。外形にも影響します。(30ページ)

鉱物の名前いろいろ

鉱物はIMAで認定された正式名以外に，和名や宝石名などでよばれることも多くあります。宝石のガーネットとして知られるAlmandine（アルマンディン）は，和名では鉄礬石榴石とよばれます。

鉄礬石榴石（茨城県産）Ⓟ

正式種名：Almandine（アルマンディン）
和　　名：鉄礬石榴石（てつばんざくろいし）
化 学 式：$Fe^{3+}{}_3Al_2(SiO_4)_3$

分類方法①

主な成分のちがいによって分ける

形や色など，鉱物はさまざまな方法で分類できますが，現在最も一般的に用いられているのが化学組成による分類です。**主成分によって，大きく10グループに分けられます**。

①元素鉱物は，金やダイヤモンドなど，単一の元素を主成分とする鉱物です。

②硫化鉱物は硫黄と金属が結合した硫化物の鉱物で，鉄と硫黄が結合した黄鉄鉱や亜鉛と硫黄が結合した閃亜鉛鉱などがあります。

③ハロゲン化鉱物は，フッ素や塩素などのハロゲン元素を主な成分とする鉱物で，岩塩や蛍石などがこれにあたります。

④酸化鉱物はルビーやサファイアなどとして知られるコランダムなど，酸素と結合した化合物による鉱物です。

⑤炭酸塩鉱物は炭酸イオン（CO_3）$^{2-}$からなる鉱物で，方解石などです。

⑥ホウ酸塩鉱物は（BO_3）$^{3-}$または（BO_4）$^{5-}$の化合物。ウレックス石（テレビ石）が代表的です。

⑦硫酸塩鉱物は硫酸イオン（SO_4）$^{2-}$を主成分とする鉱物で，石膏などです。

⑧リン酸塩鉱物は（PO_4）$^{3-}$を主成分とし，フッ素燐灰石などがあります。

⑨最も多いのがSiO_4四面体をもつケイ酸塩鉱物です。SiO_4四面体のつながり方で区別され，ネソケイ酸塩鉱物，ソロケイ酸塩鉱物，シクロケイ酸塩鉱物，イノケイ酸塩鉱物，フィロケイ酸塩鉱物，テクトケイ酸塩鉱物に細分化されます。オリビン（橄欖石）は，代表的なネソケイ酸塩鉱物です。

⑩有機鉱物は有機化合物を主体にし，地質作用を受けて天然に生成した固体をさします。琥珀がこのグループに入ります。

分類	結晶構造の特徴	鉱物の例
元素鉱物 1種類の元素からなる鉱物。金(Au)やダイヤモンド(C)など。	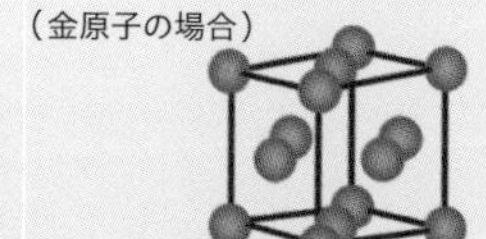	 **自然金** （オーストラリア産）Ⓟ
硫化鉱物 硫黄とほかの元素が結合したもの。金属光沢をもつものが多い。	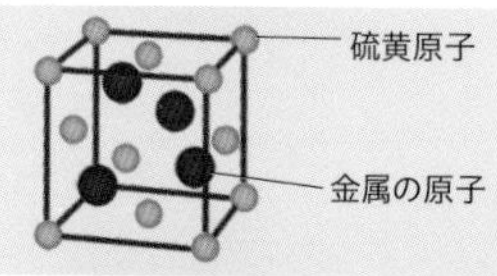	 **黄鉄鉱** （岩手県産）Ⓟ
ハロゲン化鉱物 「ハロゲン元素」を主な成分とする鉱物。水にとけるものもある。	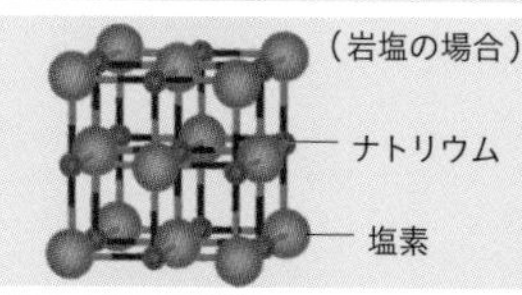	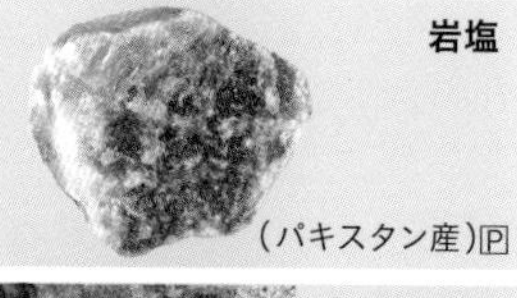 **岩塩** （パキスタン産）Ⓟ
酸化鉱物 ある原子に酸素（水酸化イオン(OH^-)も含む）が結合した鉱物。宝石や資源になるものも多い。	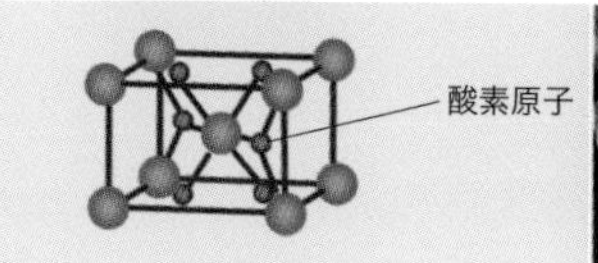	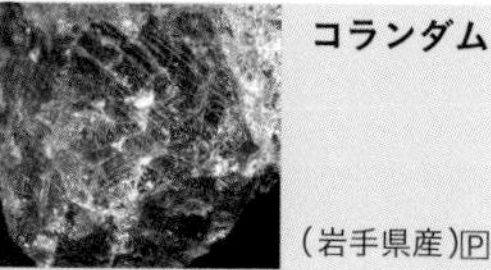 **コランダム** （岩手県産）Ⓟ
炭酸塩鉱物 「炭酸イオン」からなる鉱物。塩酸に触れるととけて炭酸ガスの泡が出るものが多い。	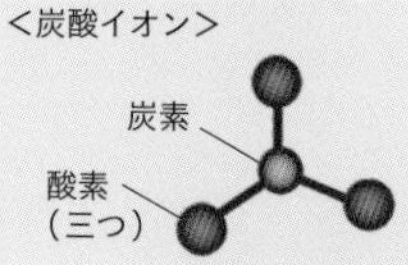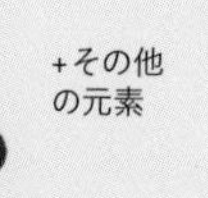	**方解石** （大分県産）Ⓟ
ホウ酸塩鉱物 ホウ酸イオンを主成分とする。酸素の配置のちがいによって2種ある。	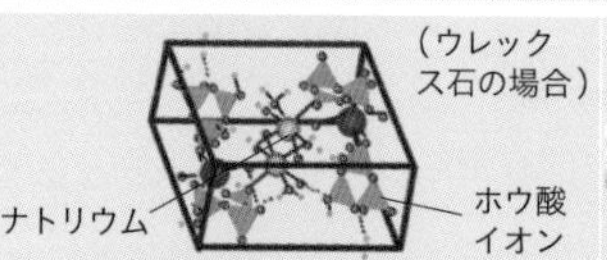	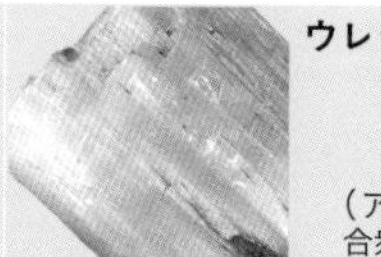 **ウレックス石** （アメリカ合衆国産）Ⓝ
硫酸塩鉱物 「四面体配位」の硫酸イオンを主成分とする鉱物。水蒸気で融解するものもある。	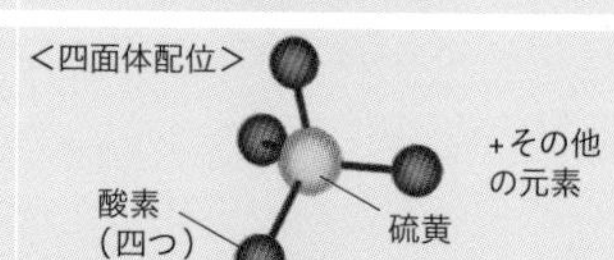	 **石膏** （モロッコ産）Ⓟ
リン酸塩鉱物 四面体配位のリン酸イオンが主成分の鉱物。ヒ酸塩鉱物もこの分類に入る。	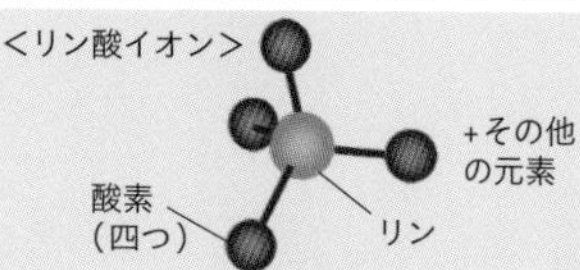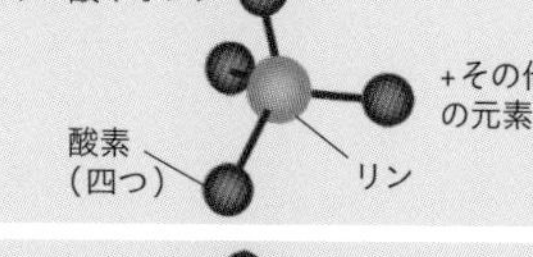	 **燐灰石** （神奈川県産）Ⓝ
ケイ酸塩鉱物 「SiO_4四面体」をもつ鉱物。ケイ酸塩鉱物は，多くの種がガラス光沢を示す。	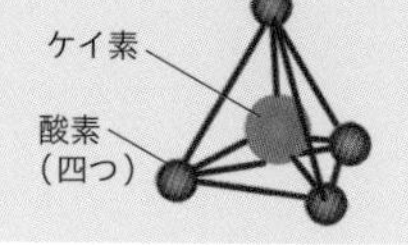	 **緑柱石（エメラルド）** （コロンビア産）Ⓟ
有機鉱物 炭素など有機化合物を主体にした鉱物。単純な無機化合物は除く。		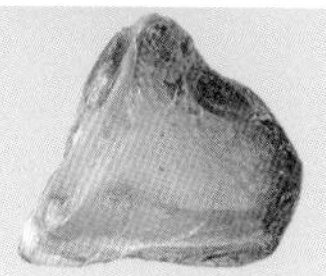 **琥珀**

分類方法②

鉱物の硬さや割れ方で分ける

鉱物の硬さは「傷つきやすさ」であらわされます。**硬度の判定に，一般的に使われているのが「モース硬度」です。**ドイツの鉱物学者フリードリッヒ・モース（1773～1839）が考案した方法で，基準となる10種類の鉱物（右ページ参照）が定められています。これらの基準鉱物と硬度を調べたい試料をすり合わせ，どちらに傷がつくかで硬度を判定します。

また工業用で主に用いられる「ビッカース硬度」は，正四角錐のダイヤモンドを試料に押し当て，できたくぼみ（圧痕）の大きさから硬度を算出する方法です。

鉱物は割れ方にも特徴があります。結晶は原子が規則的に配列しているため，その結合の強さや方向が割れ方に影響します。**平らな面にきれいに割れることを「劈開」といいます。**劈開は1方向とは限らず，3方向や4方向，6方向などもあります。また，劈開が存在しない鉱物もあります。

劈開

劈開であらわれる面を「劈開面」といいます。たとえば雲母は薄くスライスしたように，1方向に割れます。これを「1方向に完全」な劈開といいます。岩塩と方解石は，ともに3方向に劈開がありますが，直角に割れる岩塩に対して方解石はことなる角度での劈開がみられます。

ここで紹介したのはきれいな平面に割れる「完全」な劈開ですが，劈開面がきれいな平面でない場合は状態に応じて「明瞭」や「不完全」などと表現されます。また決まった方向に割れない鉱物は，「劈開なし」といいます。

1方向に完全な劈開

薄くはがれた雲母

3方向に完全な劈開

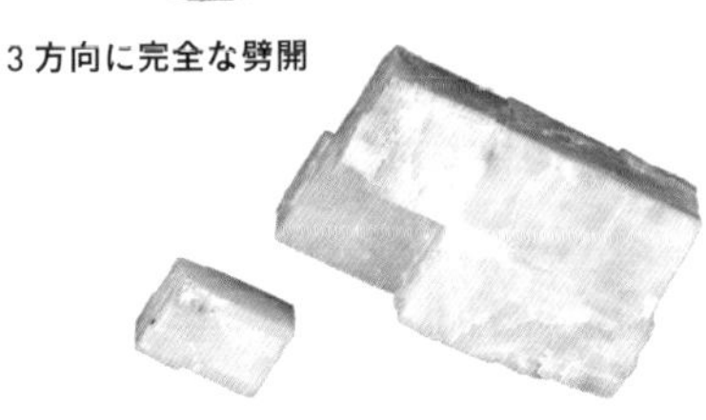

方解石（新潟県産）Ⓟ

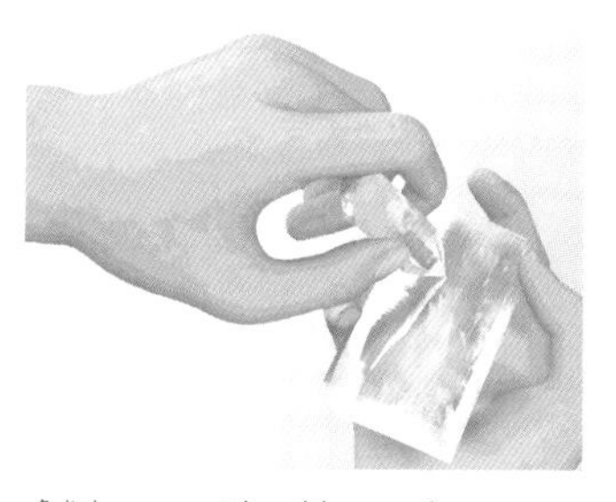

基準にした石で硬さを決める「モース硬度」

モース硬度は，2種類の鉱物を使い，平らな面を引っかいて傷がつくかどうかで，どちらが硬いかを判断します。基準にしている鉱物は，右の表のとおり。硬度1が最もやわらかく，硬度10が最も硬くなります。

主に工業用に使われている「ビッカース硬度」

ビッカース硬度（Vickers hardness）は，ダイヤモンドでできた圧子を試材に押し当て，どのくらいくぼみが残るかで硬さをはかります。イギリスのビッカース＝アームストロング社が最初に試験機をつくりました。ビッカース硬度とモース硬度の硬さの評価は矛盾しません。

身近な例

やわらかい

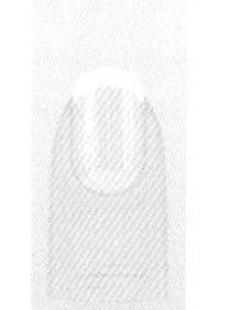

爪＝硬度$2\frac{1}{2}$

10円玉＝硬度$3\frac{1}{2}$

ガラス＝硬度5

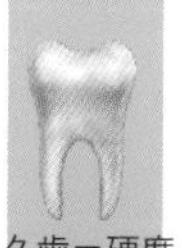

永久歯＝硬度6（エナメル）

硬い

硬度	鉱物	産地
硬度1	滑石	（茨城県産）Ⓟ
硬度2	石膏	（モロッコ産）Ⓟ
硬度3	方解石	（大分県産）Ⓟ
硬度4	蛍石	（大分県産）Ⓟ
硬度5	燐灰石	
硬度6	正長石	（大阪府産）Ⓟ
硬度7	石英	
硬度8	トパーズ	（アフガニスタン産）Ⓟ
硬度9	コランダム	（岩手県産）Ⓟ
硬度10	ダイヤモンド	（南アフリカ産）Ⓟ

分類方法③

鉱物の色のちがいで分ける

ルビーとサファイア

酸化アルミニウムを主成分とする結晶構造の一部をえがきました(球の大きさは模式的なもの)。不純物として含まれる金属原子は，一部のアルミニウム原子と置きかわった結果，吸収する光の波長が変わり，発色も変わります。

ルビー(別名紅玉)の発色
(不純物はクロム)

コランダムの基本となる八面体(無色透明)

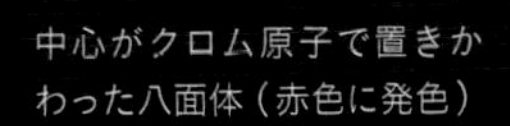
中心がクロム原子で置きかわった八面体(赤色に発色)

ルビーとサファイアは，一見するとまったく別物です。しかしどちらもコランダムで，Al_2O_3という化学式であらわされます。**アルミニウムと酸素だけからなる純粋なコランダムは無色透明ですが，不純物が含まれることで，多様な発色を示すようになるのです。**不純物とは微量の元素で，ルビーの赤色はクロム，サファイアの青色は鉄とチタンによります。

鉱物に限らず，物体に色がついて見えるのは，太陽や照明など物体に当たる白色光の一部の波長領域が吸収・反射されるためです。特定の色を吸収したり反射したりする要因は，主に電子と関係しています。

鉱物では，含まれる微量の元素（不純物）などが原因で電子のふるまいが変わり，吸収または反射する波長領域に影響します。その結果，さまざまな色の鉱物が誕生し，私たちを楽しませてくれるのです。

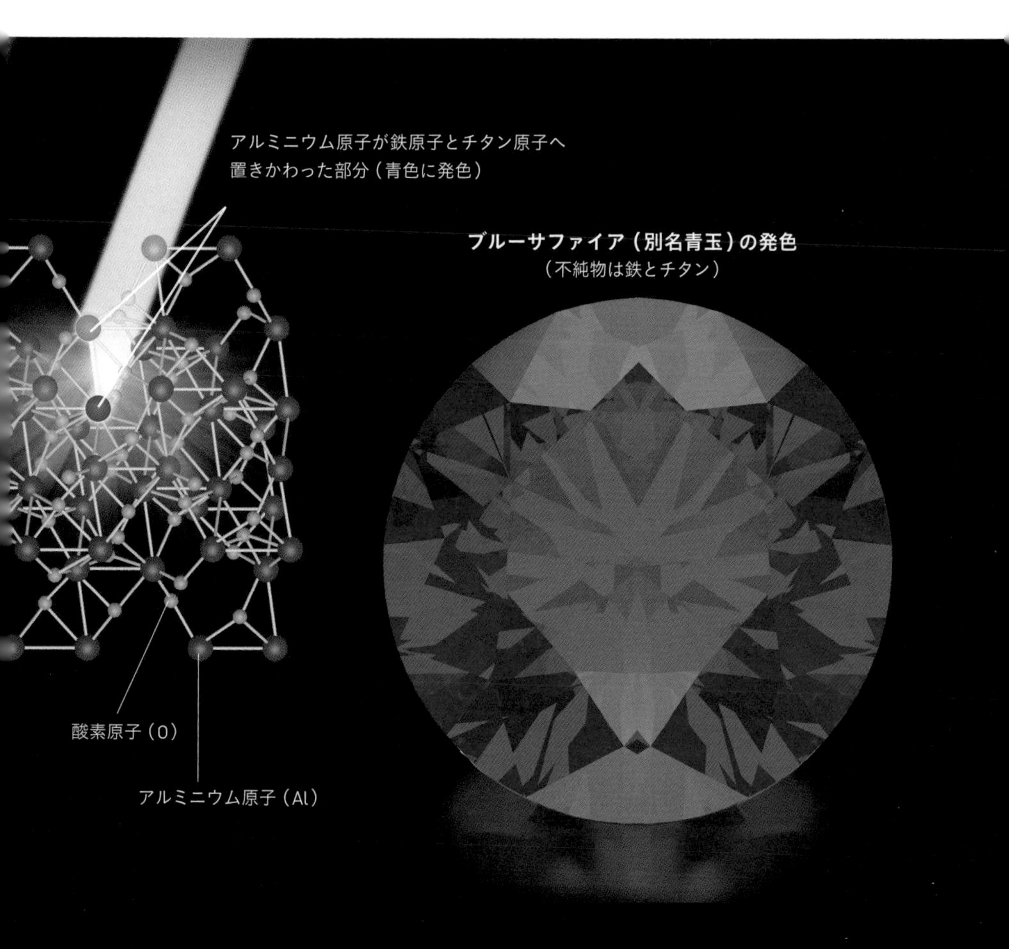

分類方法④

鉱物の比重や条痕で分ける

色が明瞭な鉱物の場合，条痕板（陶器製の板）などにこすりつけると，それぞれ鉱物のもつ特有の色が残ります。**これを「条痕」といいます。外見だけでは見分けがつきにくい鉱物も，条痕で判別できることがあります。**

鉱物を粉末にしたものは顔料として用いられています。たとえば中国で産出されていた辰砂は赤の顔料として，古代エジプトでは藍銅鉱などが「エジプト青（エジプシャンブルー）」とよばれる青の顔料として使われていました。日本画などで用いられる「岩絵具」は，粉末にした鉱物と膠水を練り合わせた顔料です。

また，鉱物の判定に比重が使われることもあります。比重とは，水の重さを基準として，同じ体積の水との密度をくらべたものです。水は1立方センチメートルあたり1グラム（1g/cm³）なので，これと比較して重いか軽いかをはかります。密度と比重は，厳密にはことなるものですが，単位（g/cm³）を必要としない比重がよく用いられています。

水

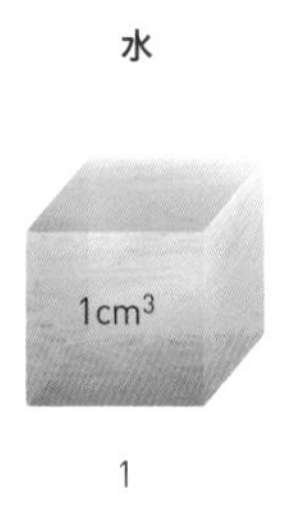

1

石英

2.7

黄鉄鉱

5

自然金

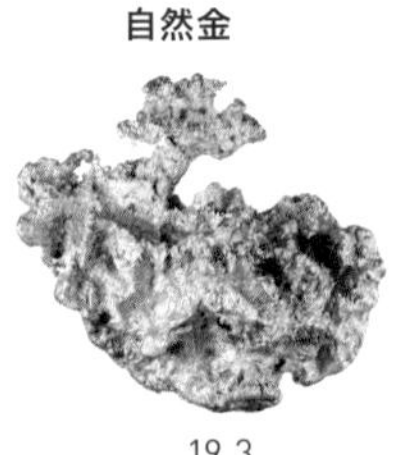

19.3
（オーストラリア産）Ⓟ

比重

比重の基準とする「水」とは，温度が4℃で空気などがとけ込んでいない純水をさします。同じ体積のとき，石英は水の2.7倍，金は19.3倍重くなっています。比重が大きいということは，その物質の密度が高いということでもあります。密度の高い鉱物は，原子番号の大きい元素が含まれていると推測できます。

鉱物

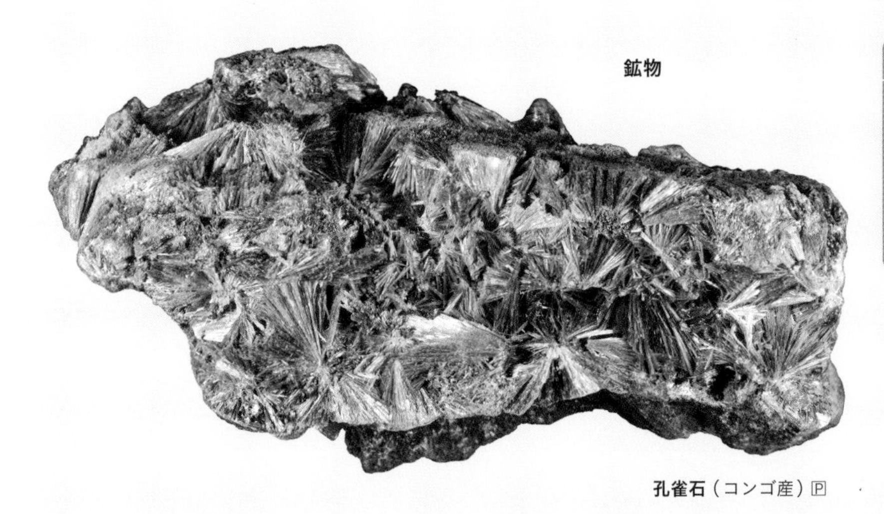

孔雀石（コンゴ産）Ⓟ

粉末

条痕

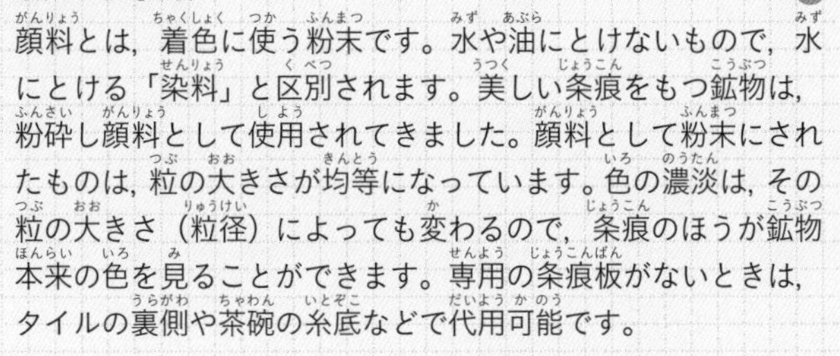

顔料と条痕

顔料とは，着色に使う粉末です。水や油にとけないもので，水にとける「染料」と区別されます。美しい条痕をもつ鉱物は，粉砕し顔料として使用されてきました。顔料として粉末にされたものは，粒の大きさが均等になっています。色の濃淡は，その粒の大きさ（粒径）によっても変わるので，条痕のほうが鉱物本来の色を見ることができます。専用の条痕板がないときは，タイルの裏側や茶碗の糸底などで代用可能です。

分類方法⑤

鉱物の見た目の形で分ける

鉱物の形には結晶系とよばれる原子配列が関係しています（30ページ）。**しかし，同じ結晶系でも同一の外形になるとは限らず，結晶が成長する環境によっても形はことなってきます。**

制限のない空間で，結晶が本来の形に成長できたものを「自形」結晶といいます。一方，空間に制限があって限られた方向にしか成長できず，本来の形になれなかった結晶は「他形」とよびます。

また同じ鉱物でも条件によってことなる形に成長し，たとえば柱状になることが多い鉱物でも，場合によっては細長い針状になることもあります。さらに結晶面の成長速度のちがいで，ゆがんだ形に成長する鉱物もみられるなど，鉱物の外形は多種多様です。

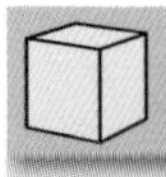

立方体（正六面体）

正方形（6面）の立体。黄鉄鉱や蛍石など。

蛍石（中国産）Ⓟ

十二面体

一つの面が五角形，または菱形の面12枚で囲んだ立体。黄鉄鉱や石榴石など。

黄鉄鉱（東京都産）Ⓟ

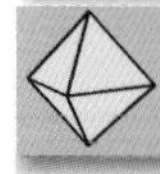

正八面体

正三角形の面八つで囲まれた立体。磁鉄鉱やスピネルなど。

スピネル（ミャンマー産）Ⓟ

柱状

細長い柱状。柱の長さによっても区分される。緑柱石，電気石など。

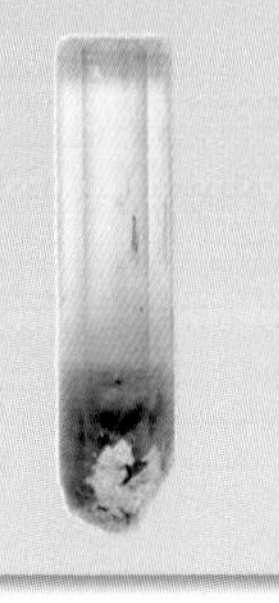

緑柱石（パキスタン産）Ⓟ

主な結晶の外形

外形は多くの種類があります。ここではよく知られているものをあげています。

板状

四角形や六角形など，広い面が平らな板状。重晶石，石膏など。

重晶石（北海道産）Ⓟ

菱面体

少し厚みのある六面体で，広い面が菱形（平行四辺形）。菱マンガン鉱，方解石など。

菱マンガン鉱（茨城県産）Ⓟ

錐状

柱状で，先端が尖っている。鋭錐石，ジルコンなど。

鋭錐石（マダガスカル産）Ⓟ

葉片状

葉のように薄い層が重なった形状。輝水鉛鉱，雲母の仲間など。

黒雲母

針状

柱状の中で，とくに柱が針のように細いもの。ソーダ沸石，霰石など。

霰石（三重県産）Ⓟ

毛状（繊維状）

柱状の中でも，とくに柱が毛のように細いもの。毛鉱，アンチゴライト（石綿），ブーランジェ鉱など。

ブーランジェ鉱（埼玉県産）Ⓟ

結晶の集合体

同じ種類の鉱物が集まった形状。球状のぶどう石，箔状の自然銀など。

<球状>

ぶどう石（オーストラリア産）Ⓟ

<箔状>

自然銀（広島県産）Ⓟ

分類方法⑥

結晶構造のちがいで分ける

鉱物は基本的に結晶質の固体です。結晶は原子が規則的に並んだ「単位格子」が，いくつも積み重なって構成されています。鉱物は，この単位格子の形によって，ことなる外形に成長します。

結晶系は，単位格子に設定された面と方向をあらわす座標軸（結晶軸）の数や長さ，角度で，「立方晶系（等軸晶系）」「正方晶系」「直方晶系（斜方晶系）」「単斜晶系」「三方晶系」「六方晶系」「三斜晶系」の7種類に分類されます（三方晶系を六方晶系に含めて，6種類とすることもあります）。

たとえば立方晶系の鉱物であれば，黄鉄鉱のような立方体やダイヤモンドのような正八面体などになります。エメラルドやアクアマリンとして知られる緑柱石など六方晶系の鉱物は，六角柱状の外形をしています。

次ページからは，それぞれの結晶系をもつ代表的な鉱物を紹介しましょう。

単位格子

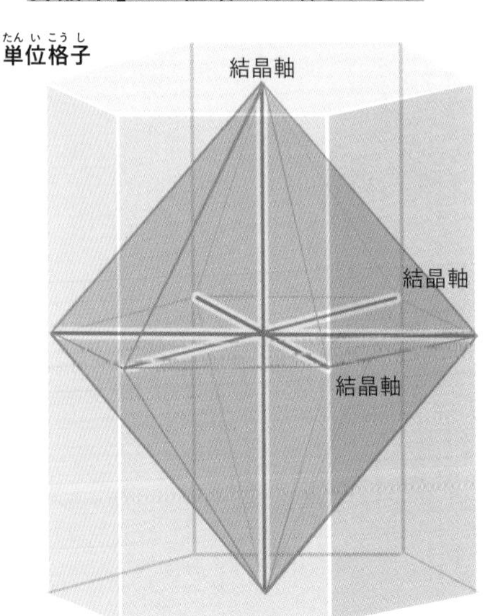

晶系

結晶の並び方は，3方向の結晶軸がどの角度で，どう結びついているかで，右図のように六つの晶系に分類されています。なお，図中の三方晶系は辰砂や石英などにみられる晶系で，六方晶系の代表的な鉱物としては，緑柱石や燐灰石などがあります。

「単位格子」が積み重なってできている

結晶は，原子が一定の周期で規則正しく並んでいます。このくりかえしの最小単位を「単位格子（単位胞）」といいます。単位格子がブロックのように積み重なってできているのです。

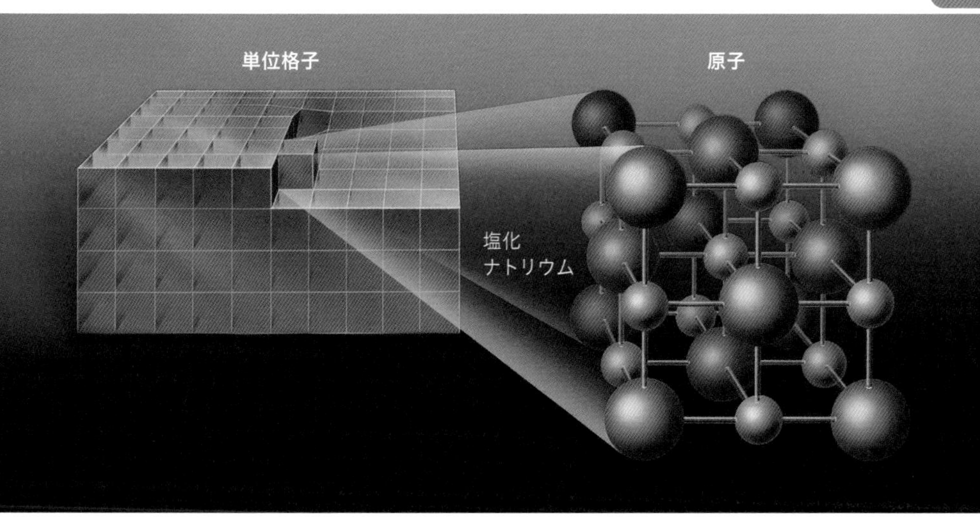

立方晶系（等軸晶系）

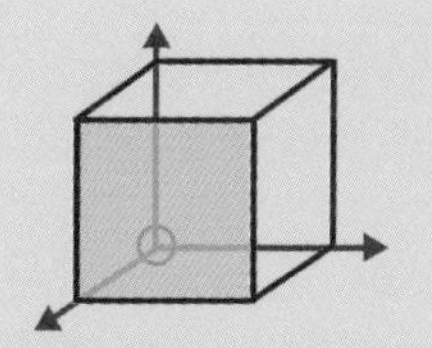

結晶軸が 3 方向とも同じ長さで直角に交わっている。ダイヤモンドや岩塩などにみられる。

正方晶系

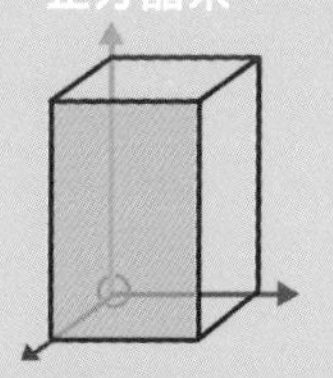

3 本の結晶軸のうち 2 本の長さが同じで，すべて直角に交わっている。黄銅鉱やジルコンなど。

直方晶系（斜方晶系）

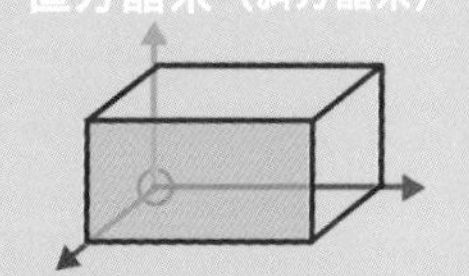

3 本の結晶軸の長さがそれぞれことなり，直角に交わっている。硬石膏（アンハイドライト）など。

単斜晶系

結晶軸の長さは 3 本ともことなり，このうちの二つの軸が 90°で交差する。鶏冠石など。

三斜晶系

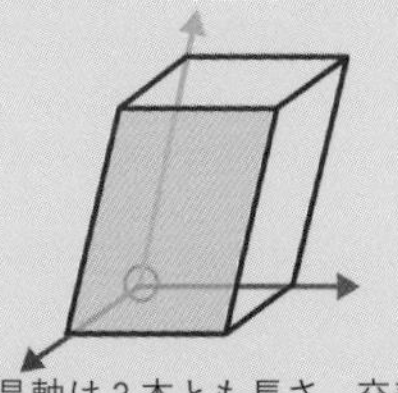

結晶軸は 3 本とも長さ，交差する角度がそれぞれことなる。トルコ石や薔薇輝石など。

三方晶系・六方晶系

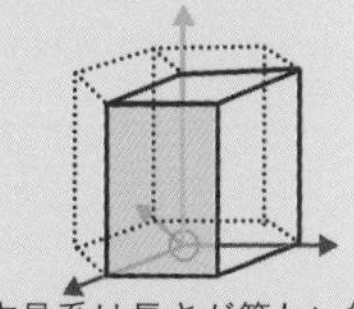

三方晶系は長さが等しい結晶軸が，3 本とも 90°以外の同一角度で交差する。六方晶系は結晶軸が 4 本あり，そのうちの 3 本が水平に 120°で交差し，1 本が垂直に交わる。

さまざまな結晶構造の鉱物をみていこう①

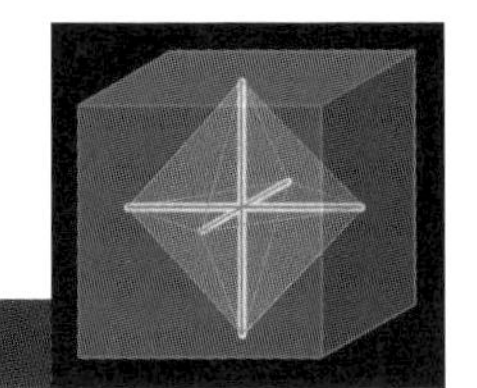

立方晶系（等軸晶系）の鉱物

立方晶系は，上下方向，左右方向，前後方向すべての結晶軸が同じ長さで，かつ90°で交差しています。

立方晶系には，自然金やダイヤモンド，磁鉄鉱，岩塩などがあります。たとえばダイヤモンドと磁鉄鉱は，それぞれ原子配列がことなりますが，晶系が同じなので結晶の形が似ています。しかし，外形だけで鉱物の種類を判定するのはむずかしいことです。

方鉛鉱
（秋田県産）Ⓟ

方鉛鉱（Galena）
鉛の硫化物。手にするとずっしりと重く，六面体や八面体の結晶がよくみられます。割れた場所には光沢がありますが，時間がたつとさびて光沢を失います。

DATA	
分類	硫化鉱物
結晶の外形	立方体
色・条痕色	鉛灰・鉛灰
硬度	$2\frac{1}{2}$
劈開	3方向に完全
比重	7.6
結晶系	立方晶系
化学式	PbS

正方晶系の鉱物

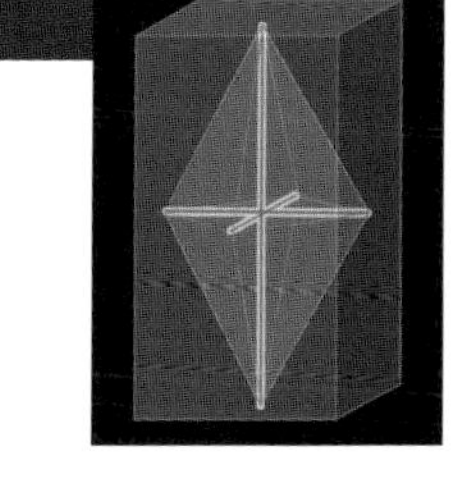

正方晶系は，3本ある結晶軸のうち，1本だけ長さがことなります。交わる角度は立方晶系と同じ90°ですが，結晶軸の長さがちがうため，柱状の単位格子となります。

ベスブ石（長野県産）Ⓝ

DATA	
分類	ソロケイ酸塩鉱物
結晶の外形	柱状
色・条痕色	ほぼすべての色領域があり，濃淡がある・白
硬度	6～7
劈開	2方向に不明瞭
比重	3.3～3.4
結晶系	正方晶系
化学式	$(Ca,Na)_{19}(Al,Mg,Fe)_{13}(SiO_4)_{10}(Si_2O_7)_4(OH,F,O)_{10}$

ベスブ石（Vesuvianite）

石灰岩などがマグマに接触して変成した鉱物の中に多く産出されます。多彩な色があり，アルミニウム，マグネシウムを多く含むものは淡色になり，鉄を多く含むものは濃色となります。

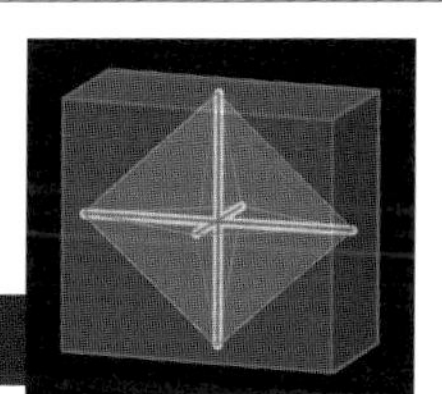

直方晶系（斜方晶系）の鉱物

直方晶系は，結晶軸の交わる角度はすべて同じ90°ですが，結晶軸は3本とも長さがことなります。直方晶系を意味する「orthorhombic」は，以前は「斜方晶系」と訳されていましたが，単位格子が直方体であることから，2014年から直方晶系に変更されました。

董青石（茨城県産）Ⓟ

董青石（Cordierite）

マグマの近くで変成したホルンフェルスや，泥岩質が起源の片麻岩などにみられます。鉄（Fe）の含有によって青色の濃度が変わり，結晶の方向によって色がちがって見えます。

DATA	
分類	シクロケイ酸塩鉱物
結晶の外形	柱状
色・条痕色	青，黄褐・白
硬度	7～7$\frac{1}{2}$
劈開	なし
比重	2.5～2.7
結晶系	直方晶系
化学式	$Mg_2Al_4AlSi_5O_{18}$

さまざまな結晶構造の鉱物をみていこう②

単斜晶系の鉱物

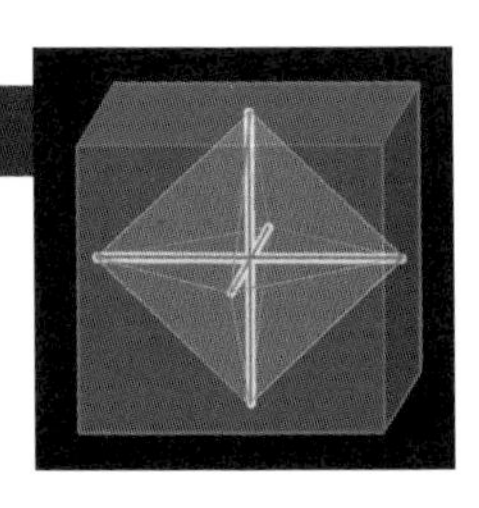

単斜晶系は，その名のとおり3本ある結晶軸のうち，前後軸だけが斜めになっています。軸の長さは3本ともことなっています。結晶は平行四辺形を底面にした四角柱などの形になり，種類が豊富です。

鶏冠石
（群馬県産）Ⓟ

DATA	
分類	硫化鉱物
結晶の外形	柱状
色・条痕色	赤・オレンジ～赤
硬度	$1\frac{1}{2}$ ～2
劈開	1方向に完全
比重	3.6
結晶系	単斜晶系
化学式	As_4S_4

鶏冠石（Realgar）
熱水鉱脈で産するヒ素（As）の鉱石鉱物の一つです。鮮やかな赤い色ですが，光と湿気にさらされると黄色い粉が出現しはじめ，砕けて「パラ鶏冠石」という鉱物に変わります。

三斜晶系の鉱物

三斜晶系は，三つの結晶軸が斜めに交差し，軸の長さもことなります。トルコ石や藍晶石，薔薇輝石，灰長石などが該当しますが，三斜晶系の鉱物の数は多くありません。結晶面を回転・反転したとき，回転前と同じ状態になることを「対称性がある」といいますが，三斜晶系はこの対称性が最も少ない晶系です。

珪灰石（Wollastonite）

カルシウムを含むケイ酸塩が成分の鉱物。石灰岩に花崗岩などが接触し，マグマの熱で変成した「スカルン鉱物」です。

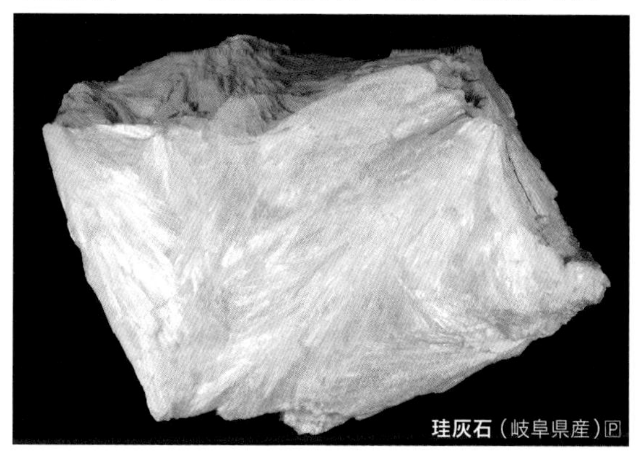

珪灰石（岐阜県産）Ⓟ

DATA	
分類	イノケイ酸塩鉱物
結晶の外形	針状
色・条痕色	白，淡褐・白
硬度	$4\frac{1}{2}$ ～5
劈開	2方向に完全
比重	2.9 ～ 3.1
結晶系	三斜晶系
化学式	$CaSiO_3$

三方・六方晶系の鉱物

六方晶系は結晶軸を4本設定するとわかりやすいです。縦の軸以外はそれぞれ120°で交差し，六角柱状に成長します。三方晶系は六方晶系の一種とされることがあります。結晶面は，成長する環境によってゆがんだような形になる場合がありますが，これは原子配列の角度を反映しているためです。

褐鉛鉱（Vanadinite）

燐灰石と同じ原子配列で，リンとカルシウムのかわりにバナジウムと鉛が含まれています。赤から褐黄，淡黄までの色幅があります。

褐鉛鉱（モロッコ産）Ⓟ

DATA	
分類	バナジン酸塩鉱物
結晶の外形	六角柱状
色・条痕色	橙赤，赤，褐黄・淡黄
硬度	$2\frac{1}{2}$ ～3
劈開	なし
比重	6.9
結晶系	六方晶系
化学式	$Pb_5(VO_4)_3Cl$

規則性のない「非晶質」とは

結晶構造をもたず，規則性のないものを「非晶質（アモルファス）」といいます。

アモルファスとは英語で「形がないこと」を意味し，物質固有の外形を示さないことからきています。これは固体中の原子，イオン，分子が規則正しく配列していないためです。オパールや黒曜石などのほか，ガラスやゴム，プラスチックなどが非晶質です。

オパール（蛋白石）は含水ケイ酸鉱物の一種で，非晶質の鉱物です。10％程度の水分を含んでいますが，20％近くの水分を含むこともあります。さまざまな色に変化して輝く現象は「遊色効果」とよばれます。

石英の結晶とアモルファス

結晶質の石英（ガラスの原料）と，アモルファスの石英ガラスの構造です。結晶では，1個のケイ素が4個の酸素と結びついて正四面体の構造単位をつくり，それが規則正しく配列しています。アモルファスでもケイ素と酸素の結びつきによる構造単位は存在しますが，その構造単位のつながりにはまったく規則性がみられません。

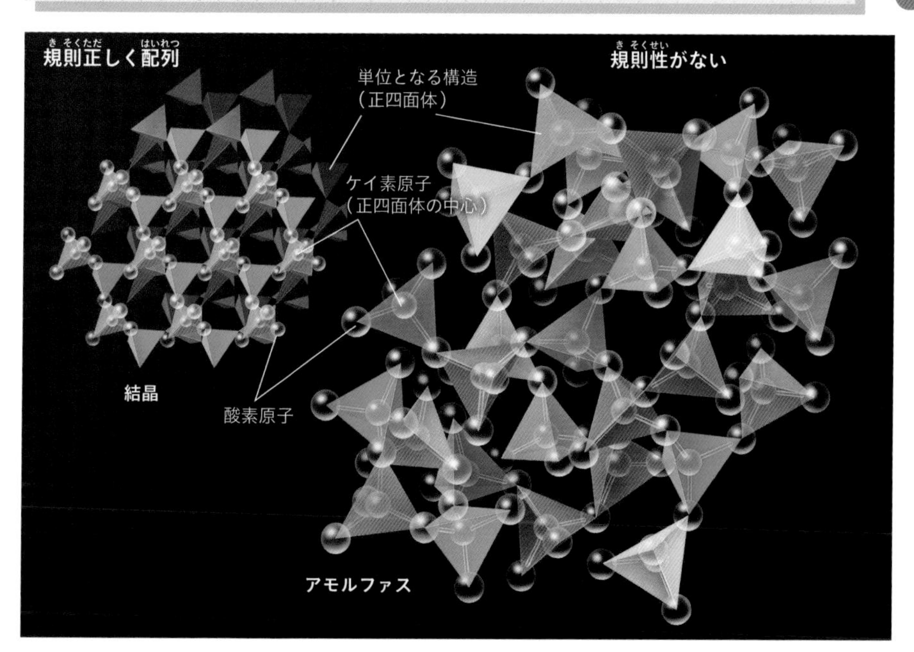

自然水銀（Mercury）

DATA	
分類	元素鉱物
結晶の外形	液状
色・条痕色	銀白・なし
硬度	—
劈開	なし
比重	13.6
結晶系	液体
化学式	Hg

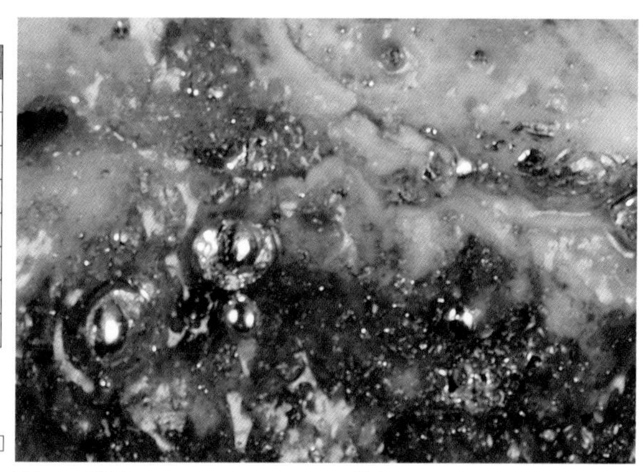

（アメリカ合衆国産）N

水銀は金属元素の一つで，常温・常圧では液体です。しずくのように産出することもありますが，多くは硫化鉱物の「辰砂」から水銀として取りだします。人間は古代エジプト文明や中国文明のころから水銀を利用してきました。しかし，水銀は空気中でわずかですが蒸気を発します。これが体内に取り込まれると中毒症状をおこすため，取りあつかいには注意が必要です。

空洞の中の美しい結晶「ジオード」

ジオードとは岩石の名前ではなく，岩の中にできる空洞のことです。名称は「大地に似た」を意味するギリシャ語に由来し，日本語では「晶洞」と訳されます。

ジオードは一見するとただの丸い岩ですが，割ると中で美しい結晶が育っています。透明な

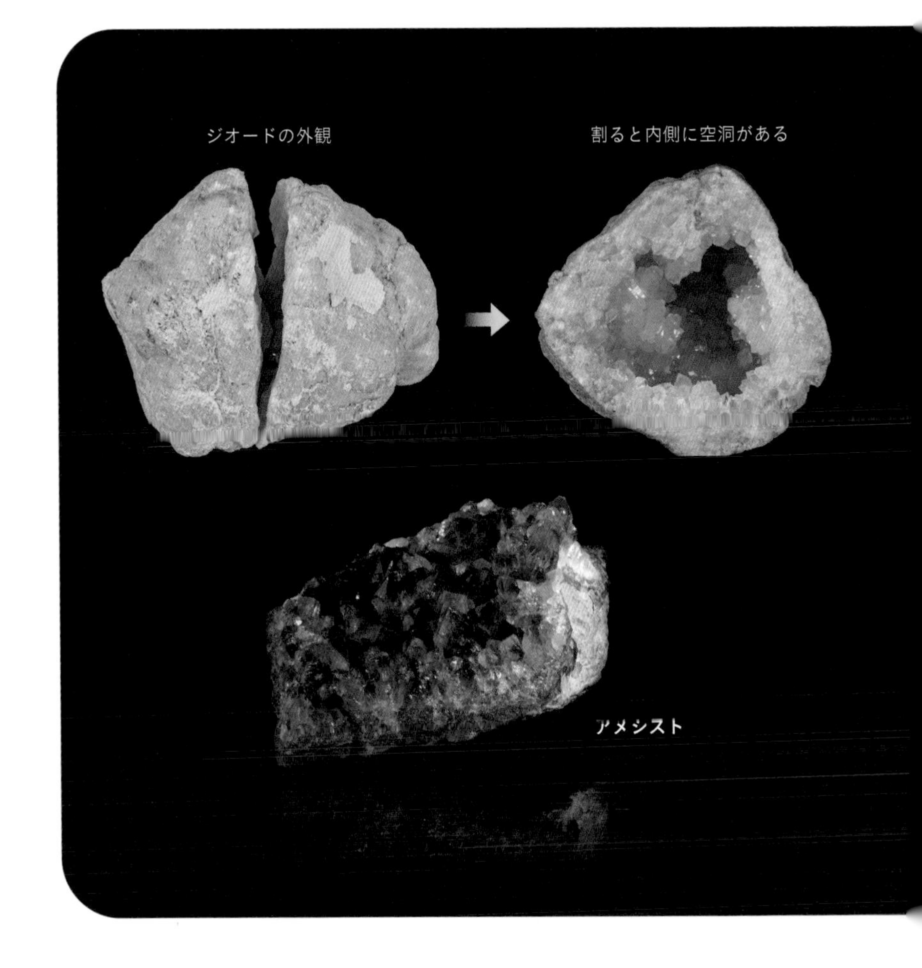

水晶や紫色のアメシストなどがあり，割ってみるまで中で何が育っているかわかりません。方解石，石膏，閃亜鉛鉱など，いろいろな鉱物があります。

ジオードは，火成岩の空洞で育ちます。その生成過程はまだ完全に解明されていませんが，マグマの中に気泡や水泡などで空間ができ，それが冷えて固まるときに鉱物の成分がとけ込んだ地下水が入り込み，長い時間をかけて成長するようです。

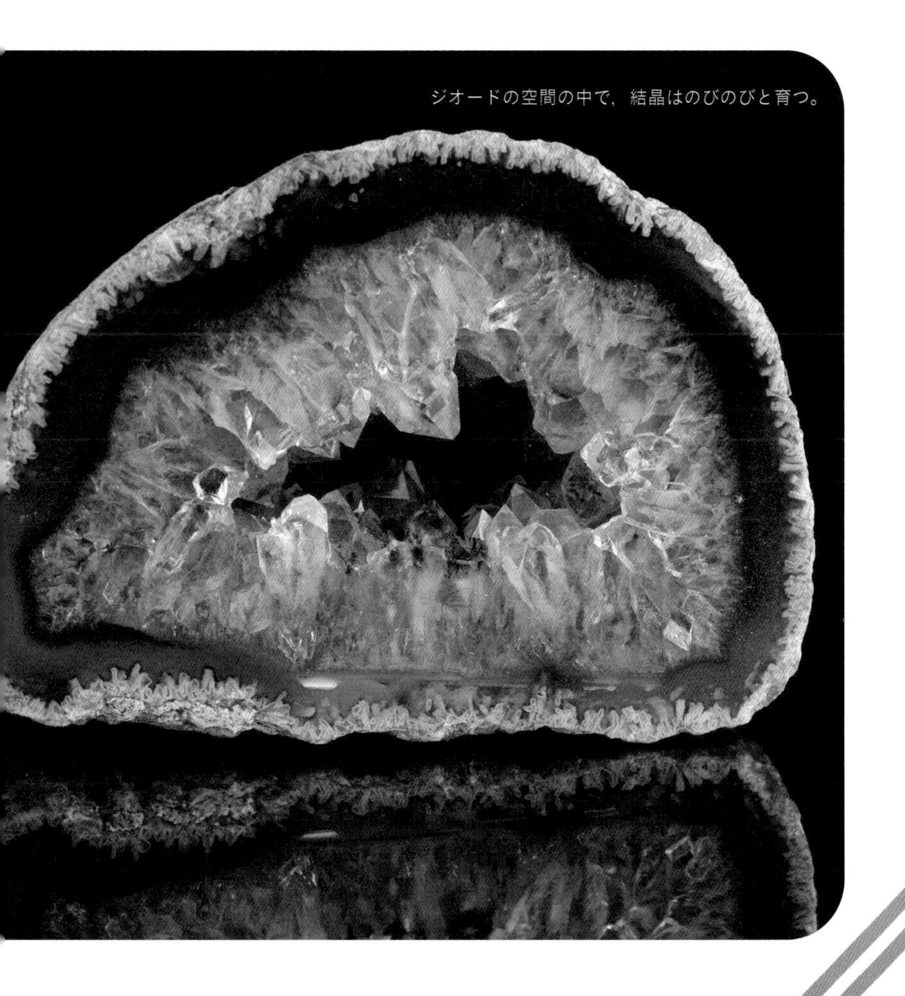
ジオードの空間の中で，結晶はのびのびと育つ。

2

宝石としても愛される身近な鉱物

美しい色や形の鉱物は，いつの時代も人々の心を魅了してきました。この章ではダイヤモンドや金，エメラルドにオパールといった，宝石やアクセサリーなどでおなじみの鉱物たちを紹介していきます。

宝石の価値は七つの要素で決まる

鉱物の中でも，とくに美しいものは宝石として愛されてきました。

宝石の価値は右の表のように，七つの要素で評価されます。たとえば同じ赤い色の宝石でも，ルビーとスピネル，ガーネットではそれぞれ構成している成分がちがい，評価がことなります。また，同じガーネットでも，ざくろのように赤いものから，グリーンガーネットのように緑色のものまでさまざまなカラーがあります。

一般的に宝石は希少性の高さが評価されるため，ガーネットの場合は流通量の多い赤いものより緑色のものが高価になる傾向があります。

色やサイズは生成した環境によるところが大きいですが，宝石はカッティングのように加工によって価値がことなってくる場合もあります。

見た目だけでは判別しにくい

下の写真の宝石は，似た色でも鉱物種がそれぞれことなります。また，同じガーネットでも赤から緑まで，色に幅のある鉱物は少なくありません。ちなみに，「ツァボライトガーネット」は宝石ブランドのティファニー社が名づけた商品名で，ケニアのツァボ国立公園で発見されたことに由来しています。

ルビー

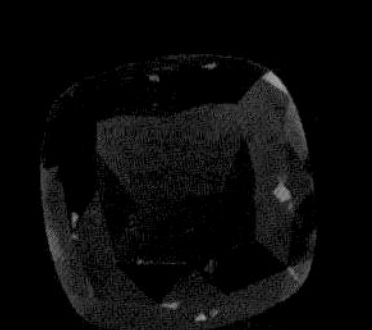
ガーネット

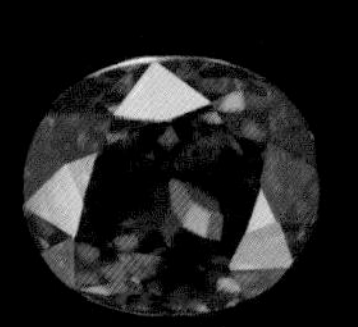
スピネル

グリーンガーネット
（ツァボライトガーネット）

エメラルド

宝石の品質を決める七つの要素

色相と鉱物の種類	たとえば同じ赤い宝石でも，ルビーなのかスピネルなのかなどは，成分をみることで判別できる。また，合成石かガラスかなども判定できる。
産地	環境によって色や内包物が微妙にことなるため，産地によって価値が変わる。
処理の有無	自然のままで美しい宝石（無処理）と，アクアマリンなどのように，加熱や含浸などの処理を施すことによって，美しく仕上げるものがある（人工着色は，宝石とはみなさない加工処理）。
輝きとプロポーション	宝石はカッティングによって輝きが大きく変わる。
色の濃淡	基本的には，小粒は淡め，大粒は濃いめの色が美しいとされている。
不完全性	鉱物は自然の産物なので，完全性を求めない。たとえばインクルージョン（内包物）などがあっても，それが自然による美しさの場合は「特徴」とされ，「欠点」とはみなされない。
サイズ	基本的には大きな宝石ほど価値は高い。

宝石としても愛される身近な鉱物

最も硬い宝石「ダイヤモンド」

ダイヤモンドは，和名を「金剛石」といい，その名のとおり最も硬い宝石です。組成は炭素（C）だけでできた「元素鉱物」です。

純粋なダイヤモンドは無色（カラーレス）ですが，イエロー，ピンク，グリーンなどの色味をもったダイヤモンドもあります。この色味は不純物となっている窒素が作用しています。窒素が結晶構造にどう取り込まれるかによって，色のちがいが生まれるのです。

ダイヤモンドは，カットのしかたによって輝きが変わります。なかでも，**無数の分散光を生みだす「ブリリアントカット」は，ダイヤモンドの上面に入射した光が，底の面ですべて反射する，最も華やかで美しいカットとされています。**

原石
（南アフリカ産）P

ダイヤモンド（Diamond）

DATA	
分類	元素鉱物
結晶の外形	正八面体
色・条痕色	無，淡黄など・白
硬度	10
劈開	4 方向に完全
比重	3.5
結晶系	立方晶系
化学式	C

ダイヤモンドの主なカット

入射する光がすべて反射することを「全反射」といいます。ダイヤモンドの輝きは，全反射を小さな入射角（25〜90度）でもおこすこと，白色光を色ごとに分解することで生まれます。18世紀に発明された「ブリリアントカット」は，ダイヤモンドの底面を透過して逃げる光が少ないので，キラキラと輝いて見えます。

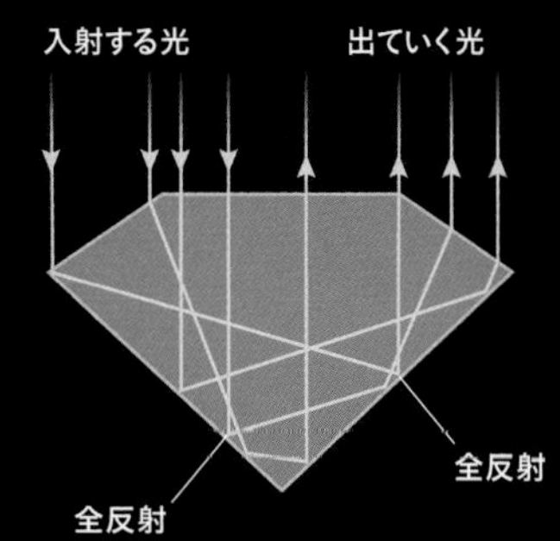

イエローダイヤモンド

ブリリアントカット

＜さまざまなカット＞

ラウンド

クッション

スクエア

ペアーシェイプ

ラディアント

エメラルド

宝石としても愛される身近な鉱物

古来から人々を魅了してきた「金」

自然金は，金（Au）という1種類の元素だけでできている「元素鉱物」です。元素記号Auはラテン語の「太陽の輝き（Aurum）」に由来しています。

通常，金は銀や銅などといっしょに産出されます。鉱石からとれるものと，砂金などのように川でとれるものがあります。

金は人々に最も重要視されてきた鉱物の一つです。貨幣や宝飾品として高い価値で取引されています。**金は環境中で，化学反応をおこしてとけたりさびたりといった腐食をしません。また，金は金属の中で最も薄くのばすことができます。**1グラムの金をたたいてのばすと，その厚みは0.0001ミリメートルまで薄くすることができ，金箔などとして売られています。糸状にのばした場合，約2.8キロメートルの長さにできるとされています。ほかの金属同様，電導性にすぐれており，電子機器などさまざまな工業製品に使われています。

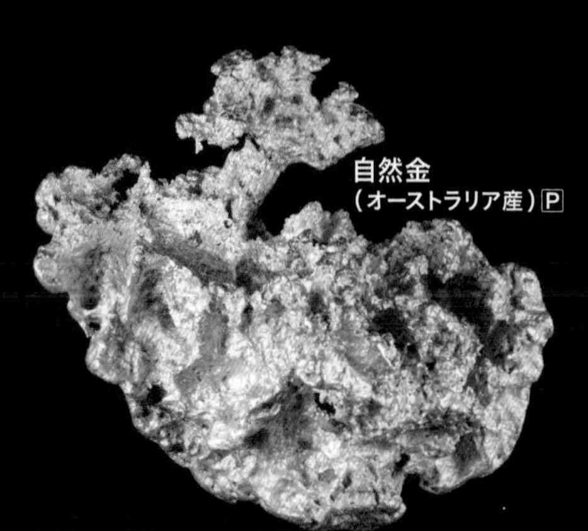

砂礫から産出される自然金で，大きなものは「ナゲット」とよばれます。

自然金（Gold）

DATA	
分類	元素鉱物
結晶の外形	八面体，立方体
色・条痕色	黄金・黄金
硬度	$2\frac{1}{2}$ ～ 3
劈開	なし
比重	19.3
結晶系	立方晶系
化学式	Au

宝石としての金

金はとてもやわらかいため，金が100パーセントの宝飾品は変形しやすいです。そのため，銀や銅などをまぜて耐久性を出すことが多いです。100パーセント純金の場合は「24K※（24金）」とあらわします。含有物がある場合は，金の含有率が75パーセントのものを「18K（18金）」，含有率58パーセントのものを「14K（14金）」，含有率42パーセントのものを「10K（10金）」と表示します。

※：K＝カラット。宝石の重量をあらわす単位（ct）と区別するため，金の純度をあらわす記号をK（karat）としている。

（兵庫県産）P

自然金は，熱水鉱床の石英脈や，硫化鉱物の鉱脈に産出することが多いです。また，そうしてできた岩石が風化などで崩れて河川などに流出し，漂砂鉱床となる場合もあります。漂砂鉱床では砂金としてとれます。

金がのびる理由

金属に力を加えてもなかなかちぎれないのは，金属の結晶は，原子の位置関係がずれても自由電子がすぐに移動して，原子どうしの新しい結びつきをつくるためです。さらに，金属の中でも金がとくによくのびる理由は，面心立方格子という結晶構造にあります。力が加えられた金属は「すべり面」とよばれる面を境にして原子がずれます。また「すべり方向」とよばれる方向に原子がずれます。面心立方格子にはこのすべり面とすべり方向が多く含まれるため，破れたりちぎれたりせずによくのびるのです。

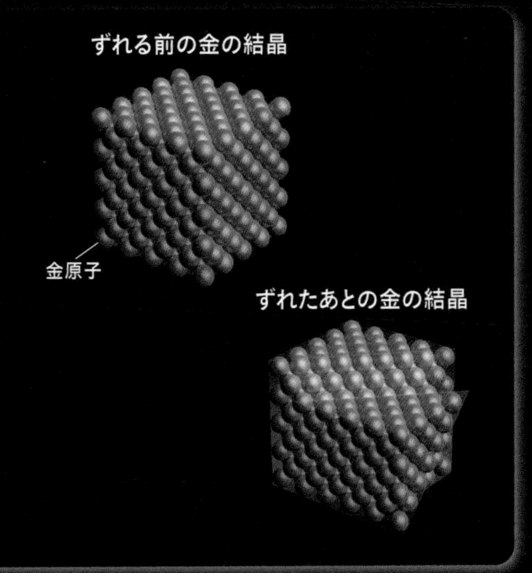

アクセサリーでも おなじみ「銀」と「白金」

自然銀は，熱水鉱脈や酸化帯で産出します。空気に触れると硫化して硫化銀になるため，黒ずんで見えます。多くの銀はほかの鉱物にまじって産出されますが，自然銀だけの場合は，髭状や苔状，箔状，樹枝状となります。

金のほうが光り輝くイメージがありますが，実は光の反射率は銀のほうが高いのです。銀は装飾品として用いられてきただけでなく，貨幣としても流通していました。多くの国で長い間，金ではなく銀が通貨の基本単位でした。

プラチナ（白金）とは，原子番号78の白金属元素です。主に，超苦鉄質～苦鉄質深成岩から採掘されますが，漂砂鉱床からもとれます。**酸に対して耐食性が強く，装飾品に使われることが多いです。**宝石の場合，漢字にすると同じ「白金」と書く「ホワイトゴールド」がありますが，これはプラチナではなく，金に銀やパラジウムなどをまぜた金合金のことです。

銀は反射率が高い

金，銀，銅，アルミニウムの光の反射率を波長別にあらわしました。銀は，金属元素の中で光の反射率が最も高いです。ほぼすべての可視光線を反射するため，その光沢が白っぽくなります。

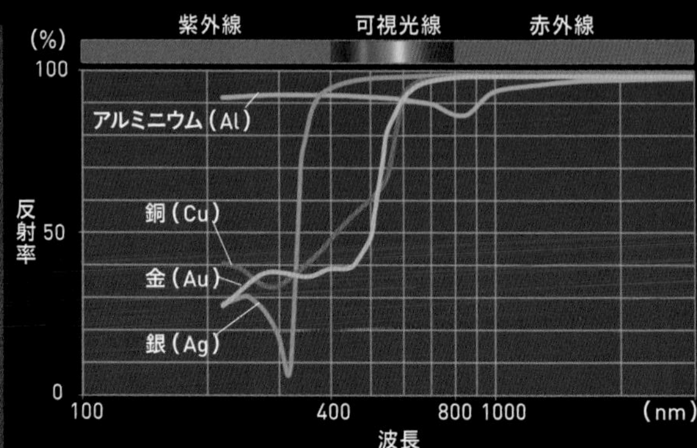

※：波長の単位はナノメートル（1ナノメートルは100万分の1ミリメートル）。

宝石としての銀・プラチナ

純粋な銀はやわらかいため，指輪などはほかの金属とまぜた合金が使われることが多いです。金も同様で，銀やパラジウム，ニッケルなどをまぜたものを「ホワイトゴールド」，銅などをまぜてピンク色を引きだしたものを「ピンクゴールド」といいます。プラチナも，強度を出すためにパラジウムやルテニウムなどがまぜられます。

（広島県産）P

自然銀（Silver）

DATA	
分類	元素鉱物
結晶の外形	八面体，十二面体
色・条痕色	銀白・銀白
硬度	$2\frac{1}{2}$ ～ 3
劈開	なし
比重	10.5
結晶系	立方晶系
化学式	Ag

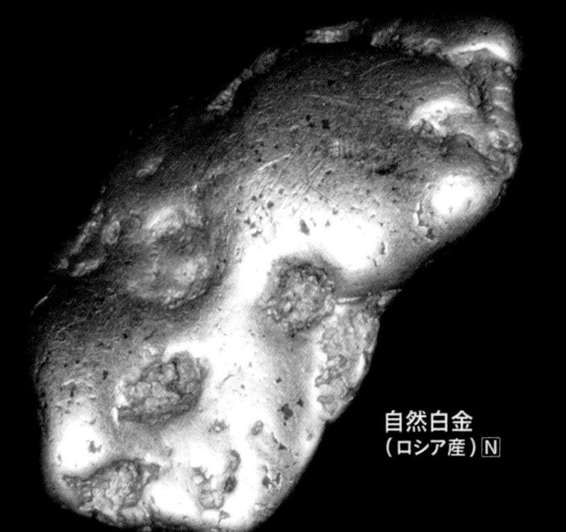
自然白金
（ロシア産）N

自然白金（Platinum）

DATA	
分類	元素鉱物
結晶の外形	立方体
色・条痕色	銀白，灰・白
硬度	4 ～ $4\frac{1}{2}$
劈開	なし
比重	21.5
結晶系	立方晶系
化学式	Pt

宝石としても愛される身近な鉱物

「ルビー」と「サファイア」は“ほぼ同じ”

ルビーとサファイアは同じ「コランダム」という鉱物です。24ページでも紹介したように，クロムやチタンなどの不純物の含有量によって色がことなるのです。**青いものはサファイア，赤いものはルビーとよばれますが，それ以外の色は宝石の世界では「ファンシーカラーサファイア」とよばれます。**

ルビーは，人工的に合成されたはじめての宝石でもあります。フランスの化学者オーギュスト・ヴィクトル・ルイ・ベルヌーイ（1856～1913）が，1904年に合成ルビーの製造を発表しました。しかし，合成であることを公表せず市場に出したため，ルビーの値は一時大暴落しました。のちに本物とにせ物の区別がつくようになって価格は回復しましたが，現在ではさらに技術が進歩し，見分けるのがよりむずかしくなりました。また，天然の原石であっても，微量の元素を拡散させたり，浸透させたりすることで色を調整する場合があります。

コランダム（岩手県産）P

鋼玉（Corundum）

DATA	
分類	酸化鉱物
結晶の外形	六角柱状など
色・条痕色	無，赤，青など・白
硬度	9
劈開	なし
比重	4.0
結晶系	三方晶系
化学式	Al_2O_3

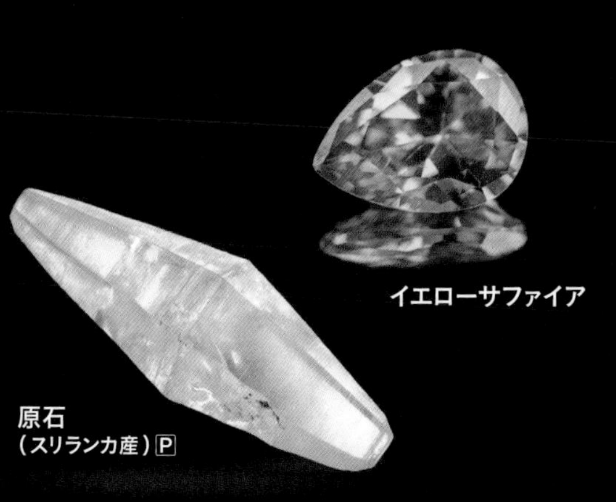
イエローサファイア

原石
（スリランカ産）P

ファンシーカラーサファイア

青と赤以外のコランダムは「ファンシーカラーサファイア」とよばれます。オレンジから黄色，緑，紫，無色まで幅広い色相をもちます。無処理の天然ものもありますが，加熱処理されたものが多いです。左の写真はイエローサファイアです。

宝石としても愛される身近な鉱物

独特の色合いをみせる「トルコ石」

トルコ石はリン酸塩鉱物で，銅を含んだ地下水がリンやアルミニウムを含んだ鉱物と反応してできたものです。**含有する鉄が多くなると緑になり，銅が多くなると青くなります。**

トルコ石は，紀元前から宝飾品として用いられており，ペルシャ（現在のイラン）からトルコを経由してヨーロッパに伝わったため「トルコ石」とよばれています。学名の「ターコイズ（turquoise）」は色味の名前としても使われています。

同じく，不透明な青い宝石として知られているのが，ケイ酸塩鉱物の「ソーダライト（方ソーダ石）」です。**含有するナトリウム（ソーダ）の量が多いため，この名がつきました。**方ソーダ石のグループには「ラピスラズリ（青金石）」があります。和名は「瑠璃」で，宝飾品のほか，顔料などとして古くから使われてきました。

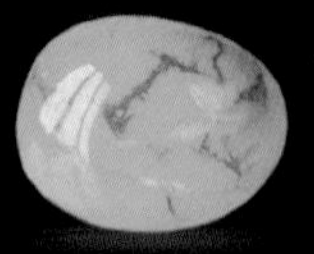

トルコ石
（Turquoise）

研磨したもの

DATA	
分類	リン酸塩鉱物
結晶の外形	微細な菱形板状
色・条痕色	青，青緑・白～淡緑
硬度	5～6
劈開	1方向に完全
比重	2.9
結晶系	三斜晶系
化学式	$CuAl_6(PO_4)_4(OH)_8 \cdot 4H_2O$

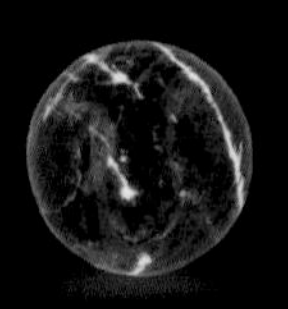

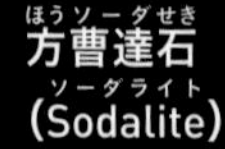

方曹達石
（Sodalite）

研磨したもの

DATA	
分類	テクトケイ酸塩鉱物
結晶の外形	塊状
色・条痕色	無，白，青・白
硬度	$5\frac{1}{2}$～6
劈開	なし
比重	2.3
結晶系	立方晶系
化学式	$Na_3(Si_3Al_3)O_{12}Cl$

トルコ石

古代エジプト時代から用いられてきた，世界最古の宝石の一つ。「トルコ石」とよばれるようになったのは13世紀ごろだといわれています。茶色の褐鉄鉱や黒い酸化マンガンが内包され，筋目が入るものもあります。

原石
（アメリカ合衆国産）P

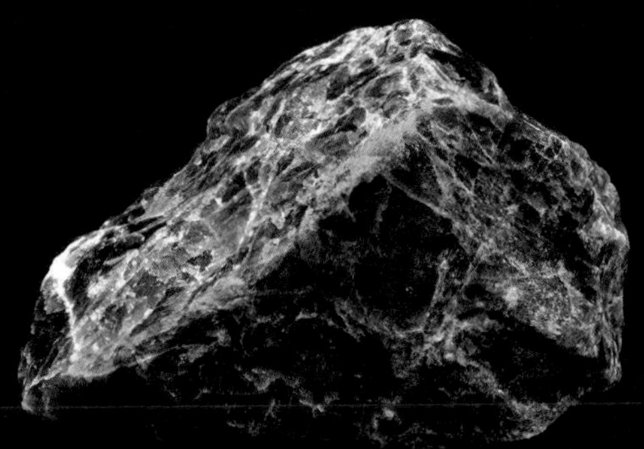

ソーダライト

ケイ酸の少ないアルカリ岩中にできる鉱物。ソーダとはナトリウムのことです。ラピスラズリにくらべると黒っぽい青になります。方ソーダ石のグループには，藍方石，青金石，黝方石などがあります。

ラピスラズリ（青金石）

古代エジプトやバビロニアでも宝石として珍重されました。黄鉄鉱の粒が入ると金色の斑点として輝きます。

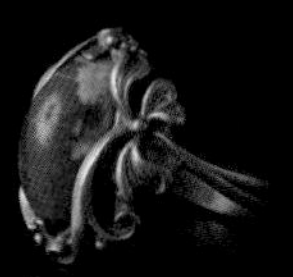

研磨したもの

原石

宝石としても愛される身近な鉱物

樹木がつくりだす宝石「琥珀」

琥珀（アンバー）は，樹木から分泌される樹液が数千万年という長い時間をかけて化石化したものです。一定の化学組成や結晶構造をもたないので鉱物ではないとする考え方もありますが，「有機鉱物」として分類されることが多いです。

発見された最も古い琥珀は，3億年以上前のものとされています。琥珀の産地は，3分の2がバルト海沿岸です。その他の地域では，ドミニカ共和国のほか，日本の岩手県久慈市が知られています。

琥珀は，古代エジプト時代から宝飾品として用いられていました。身を飾る以外にも，琥珀は燃やすとよい香りがします。また，琥珀そのものは電気を通しませんが，こすると静電気を帯びる性質があります。

琥珀が固まる前に虫などが入ってしまうことがあります。これは「虫入り琥珀」として人気が高くなります。

原石
（千葉県産）N

琥珀の色

琥珀は，樹脂の成分によって色にちがいが出ます。また，樹脂が紫外線によって蛍光してグリーンになるものや，青みを帯びるものもあります。透明度についても幅広く，乳白色やバターのような黄色の「ロイヤルアンバー」は，非常に価値が高いとされています。市場では加熱して色を鮮やかにしているものや，プラスチックなどのにせ物も出まわっています。

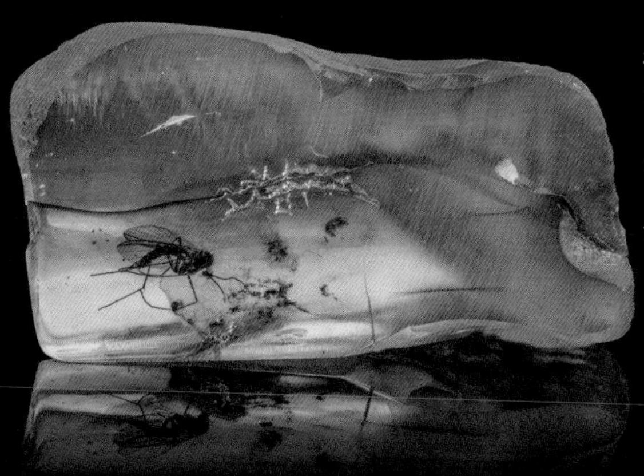

樹液がかたまる前にアリなどの虫が入ったものを「虫入り琥珀」といいます。木の葉や鳥の羽根などが入っていることもあります。閉じ込められた生き物から，絶滅した種の姿を知ることもできます。

宝石としても愛される身近な鉱物

宝石(ほうせき)としてもおなじみ「トパーズ」

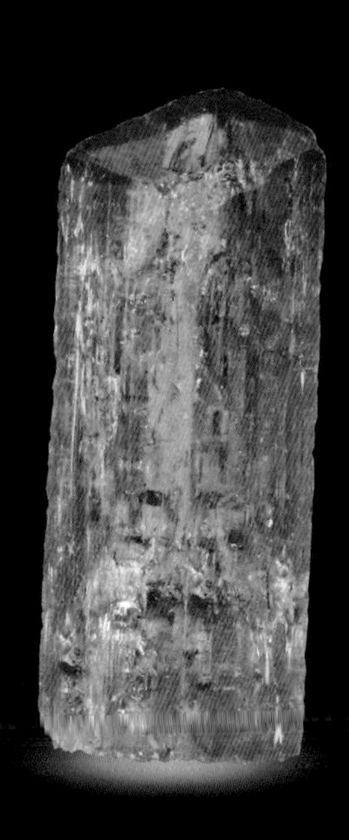

黄玉(おうぎょく)(Topaz)(トパーズ)

DATA	
分類	ネソケイ酸塩鉱物
結晶の外形	柱状
色・条痕色	無，黄，褐・白
硬度	8
劈開	1方向に完全
比重	3.4 〜 3.6
結晶系	直方晶系
化学式	$Al_2SiO_4(F, OH)_2$

トパーズの結晶(けっしょう)

よく発達(はったつ)した結晶(けっしょう)は，縦(たて)に条線(じょうせん)があり，水平方向(すいへいほうこう)に完全(かんぜん)な劈開(へきかい)をもちます。

トパーズは花崗岩や流紋岩中に産出することが多いです。ペグマタイト鉱床や，熱水鉱床，マグマの揮発成分などによる化学反応で鉱物が置きかわる交代作用がおこった場所など，さまざまな起源をもつ地質中に存在します。モース硬度8の基準である硬い鉱物ですが，柱と垂直の方向には劈開があって割れやすいです。

和名は黄玉ですが，トパーズに含まれるフッ素（F）と水酸基（OH）の量や微量元素（Mnなど）によって，赤みやオレンジがかったピンク，ブルーなどの色味があります。

無色のトパーズは，合成キュービックジルコニアが普及するまではダイヤモンドの代用品とされていました。

天然のブルートパーズは数が限られています。安価で市場に出まわっているもののほとんどは，放射線と熱処理によって発色させたものです。

ブルーやピンクのトパーズは，無処理の天然ものもありますが，産出はわずかです。天然もので水酸基（OH）が多いトパーズは，光によって年月がたつと退色してしまいます。

原石（岐阜県産）N

原石（アフガニスタン産）P

宝石としても愛される身近な鉱物

30種類以上ある宝石「ガーネット」

ガーネットは，二十四面体や十二面体の結晶粒で産出します。その形状を石榴の種子に見立て，ラテン語で種子を意味する「granatum」から名づけられました。和名は石榴石です。

ガーネットは，鉄やマグネシウムなど，原子配列が同じで主成分がちがう14種類の鉱物をまとめた「ガーネットグループ」です。ケイ素を別の元素に置きかえた鉱物まで入れると30種類以上あります※1。

また，ガーネットの色は赤から暗めのオレンジ色で，緑色はありますが青と紫※2はありません。42ページで紹介したグリーンガーネットは灰礬石榴石に区分されます。表面が虹色に輝くレインボーガーネットもあり，日本でも産出されます。虹色に見えるのは，鉄が多い層とアルミニウムが多い層が交互に積み重なり，それによって干渉光があらわれるためです。

※1：これらはまとめて「ガーネットスーパーグループ」とよばれる。
※2：紫色みを帯びた赤色はある（ロードライト）。

（山梨県産）N

鉄礬石榴石（Almandine）

DATA	
分類	ネソケイ酸塩鉱物
結晶の外形	十二面体，二十四面体
色・条痕色	赤褐など・白
硬度	$7 \sim 7\frac{1}{2}$
劈開	なし
比重	4.3
結晶系	立方晶系
化学式	$Fe^{2+}{}_3Al_2(SiO_4)_3$

さまざまなガーネット

ガーネットグループの中で，最も産地と産出量が多いのは鉄礬石榴石です。花崗岩ペグマタイトや広域変成岩などから産出されます。苦礬石榴石の「Pyrope」は，ギリシャ語で炎のように燃える赤を意味します。満礬石榴石の「Spessartine」はドイツの地名から，灰礬石榴石の「Grossular」は，西洋の「黒スグリ」からきています。

鉄とアルミニウムが主成分

鉄礬石榴石（Almandine）

原石

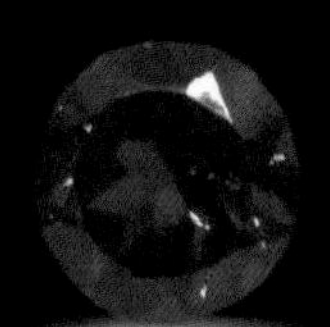

研磨したもの

マグネシウムが主成分

苦礬石榴石（Pyrope）

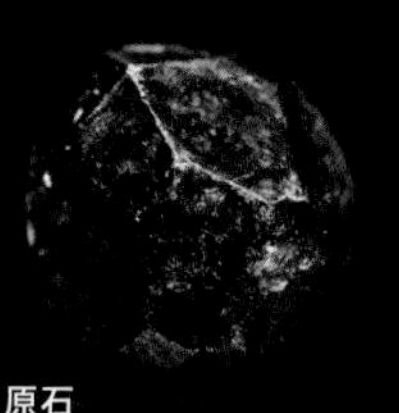

原石

研磨したもの

カルシウムが主成分

灰礬石榴石（Grossular）

研磨したもの

原石

マンガンが主成分

満礬石榴石（Spessartine）

満礬石榴石

ベリリウムを主とする「エメラルド」と「アクアマリン」

緑柱石（ベリル）は文字通り柱状に成長する，ベリリウムを主とした鉱物です。透明，半透明の結晶で，緑だけでなく青やピンクなどの色があります。

宝石としては，緑色はエメラルド，青色はアクアマリン，ピンク色はモルガナイトとよばれています。エメラルドの緑色は，緑柱石に含まれるクロムやバナジウムによるものです。微量の鉄分が含まれると水色に，マンガンが含まれるとピンク色になります。また，数は少ないですがレッドベリルやイエローベリルなどもあります。

緑柱石は，主にペグマタイトや結晶片岩から産出されます。かつては大半が南米コロンビアからの産出でしたが，20世紀に入ってからは，ザンビアなどのアフリカ大陸からも多く産出されています。

モルガナイト（ピンクベリル）の結晶

緑柱石（Beryl）

DATA	
分類	シクロケイ酸塩鉱物
結晶の外形	六角柱状
色・条痕色	無，緑，水色など・白
硬度	$7\frac{1}{2}$ ～ 8
劈開	なし
比重	2.6 ～ 2.9
結晶系	六方晶系
化学式	$Be_3Al_2Si_6O_{18}$

研磨したモルガナイト

研磨したエメラルド

研磨したアクアマリン

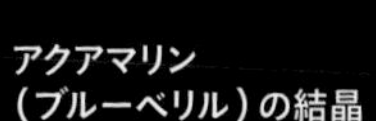

アクアマリン
（ブルーベリル）の結晶

含浸処理と熱加工

天然の宝石は，種類によってひびや割れ，欠けなどが出やすいものがあるため，宝石として美しくするための処理が行われることがあります。エメラルドの場合も多くは「含浸処理」が施されます。含浸処理は，大きく分けるとワックスやオイルを使った「エンハンスメント（改良）処理」と，樹脂，鉛ガラスを使う「トリートメント（改変）処理」があります。一方，アクアマリンに関しては，茶色がかった原石などを加熱加工によって美しい青に変化させているものもあります。

宝石としても愛される身近な鉱物

最も割れにくい宝石「ヒスイ」

宝石のヒスイ(翡翠)は鉱物ではなく，主に「ひすい輝石」の結晶の集合体でできている岩石です。

ヒスイは最も割れにくい宝石としても知られています。硬度は6～7で，硬度10のダイヤモンドよりも傷はつきやすいです。しかしハンマーでたたくと，**ダイヤモンドが比較的容易に割れるのに対して，ヒスイはなかなか割れないのです**。これはそれぞれがことなる方向を向いている結晶の集合体であることが関係しています。

ヒスイというと緑色のイメージをもたれがちですが，緑色に見えるのは微量の鉄やクロムを含有しているためで，含有物を含まないものは白色になります。色相は，紫色の「ラベンダージェード」から，赤，オレンジ，黄，青，石墨の炭素を含んで黒く見える「ブラックジェード」まで幅が広いです。

宝飾品では本ヒスイ(硬玉)とよばれ，単なるヒスイは軟玉(ネフライト)をさします。軟玉の主成分は透閃石や緑閃石です。

ひすい輝石(硬玉)
(新潟県産)P

研磨したもの P

ひすい輝石(Jadeite)

DATA	
分類	イノケイ酸塩鉱物
結晶の外形	塊状
色・条痕色	白，緑，紫など・白
硬度	6 ～7
劈開	2 方向に明瞭
比重	3.2 ～ 3.4
結晶系	単斜晶系
化学式	$NaAlSi_2O_6$

緑色のヒスイ

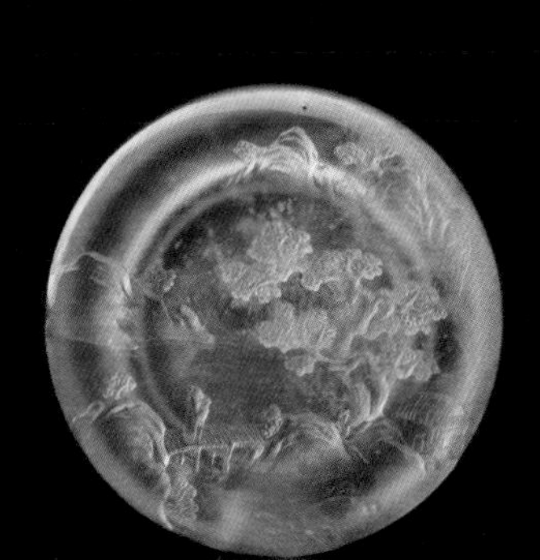

青みがかったヒスイ

橙色のヒスイ

古代から人々に愛された宝石

ヒスイには色も透明度もさまざまなものがあり，宝飾品や調度品として愛されてきました。その品質は，透明度の高さで評価されます。なかでも，きわめて透明度の高いヒスイは「琅玕」とよばれます。琅玕は，海外では「インペリアル・ジェード」という名で高い評価を得ています。

宝石としても愛される身近な鉱物

ケイ素でできたガラスのような宝石「水晶」

石英は，ケイ素（Si）と酸素（O）からできています。どちらも，地球では鉄（Fe）に次いで多い元素です。「石英」は和名で，鉱物名は「クオーツ」といいます。

クオーツは，河原や海岸などで小さな粒（砂や礫）状になっているものを見ることができます。もともと透明なものを「水晶」とよんでいましたが，今では結晶の形が見えるものも「水晶」といいます。

石英は宝飾品としても使われますが，工業製品にも使われています。

肉眼だと，水晶とガラスの外見は似ています。ガラスはケイ砂という砂からつくられており，原料に炭酸ナトリウムが含まれているため「ソーダガラス」とよばれることがあります。一方，石英をとかしてつくったものは「石英ガラス」とよばれます。石英ガラスは，半導体の製造に欠かせない材料です。

六角柱の形をした水晶の結晶構造

水晶は，ケイ素原子（Si）が正四面体の中心に，四つの酸素原子（O）がその各頂点に位置した基本単位（黄色で光らせた部分）が規則的につらなった結晶構造をしています。

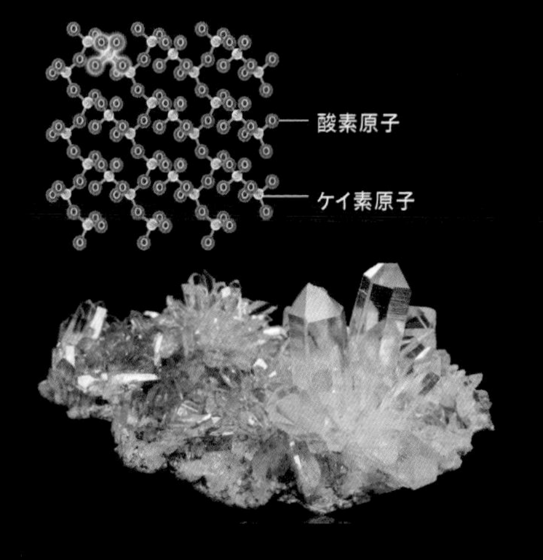

石英（Quartz）

DATA	
分類	テクトケイ酸塩鉱物
結晶の外形	六角柱状
色・条痕色	無，ピンクなど・白
硬度	7
劈開	なし
比重	2.7
結晶系	三方晶系
化学式	SiO_2

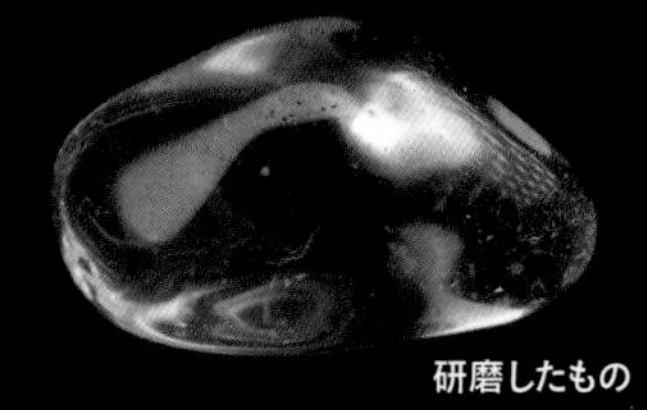
研磨したもの

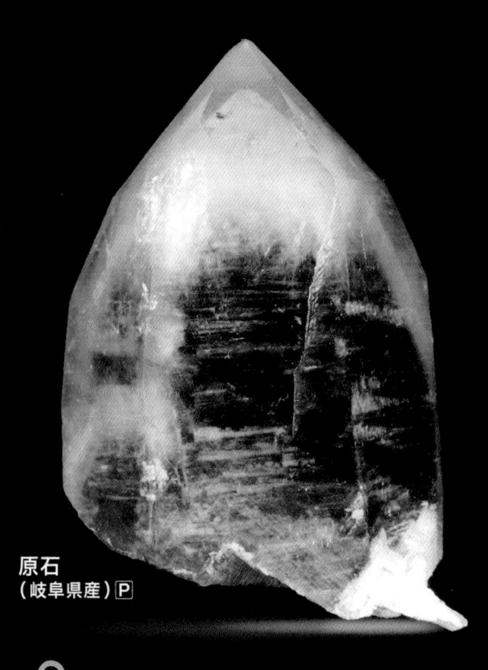
原石
（岐阜県産）P

水晶にルチルが閉じ込められたもの

針状の「ルチル（金紅石）」が水晶に入り込んだものを「ルチルクオーツ」といいます。ルチルは二酸化チタンの結晶です。無色透明な水晶は，古代ギリシャで氷が固まったものだと思われていました。「クリスタル」はギリシャ語の氷に由来しており，今では「水晶」一般をロッククリスタルといいます。

原石

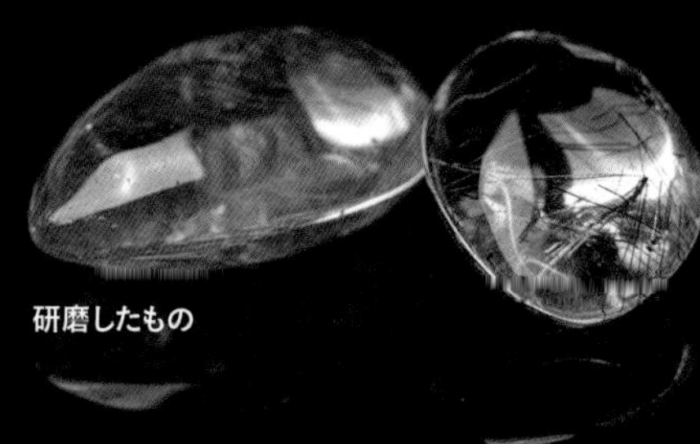
研磨したもの

不純物のちがいで「アメシスト」や「虎目石」になる

石英は，加わった不純物のちがいによって，いくつもの変種があります。

鉄分が含まれると紫色の「アメシスト」になり，チタンなどが含まれるとピンク色の「ローズクオーツ」になります。ローズクオーツは「薔薇石英」ともいわれます。

「煙水晶（スモーキークオーツ）」は，微量のアルミニウムを含んだものが，自然の放射線を受けて黒褐色に発色したものです。

黄色い石英は，フランス語でレモンを意味する「Citron」から「シトリン」とよばれます。その色は鉄が含まれていることによりますが，天然のシトリンはわずかです。市場に出ているものの多くが，アメシストを加熱して，鮮やかな色にしています。また，和名で「虎目石」とよばれるタイガーズアイは，繊維状の角閃石の一種にケイ酸分がしみ込んで，そのとき含まれていた鉄分が酸化することで茶褐色になっています。

鉄を含む

紫水晶（Amethyst）

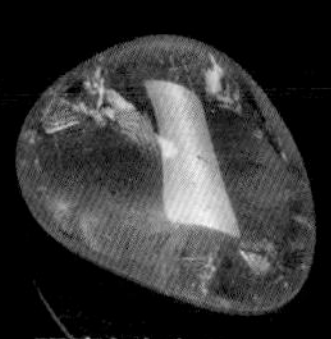
研磨したもの

原石
（ブラジル産）P

角閃石にケイ酸分がしみ込んで，鉄が酸化したもの

虎目石（Tiger's eye または Tiger eye）

原石（南アフリカ産）P

研磨したもの P

3価の鉄が含まれて発色

黄水晶（Citrine）

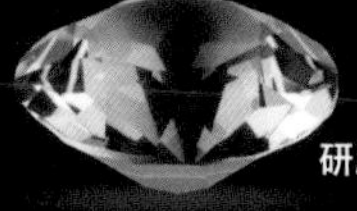

研磨したもの N

アルミニウムやチタンを含む

薔薇石英（Rose quartz）

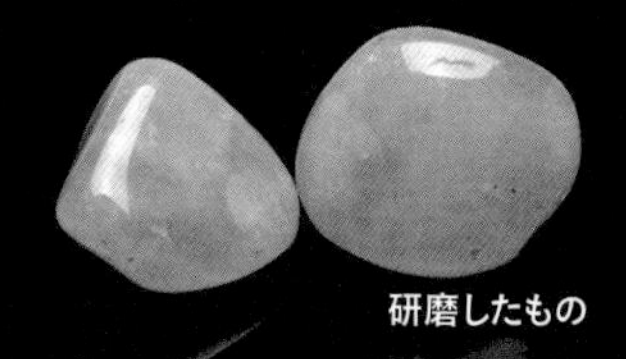

研磨したもの

結晶

アルミニウムが自然の放射線を受けて発色

煙水晶（Smoky Quartz）

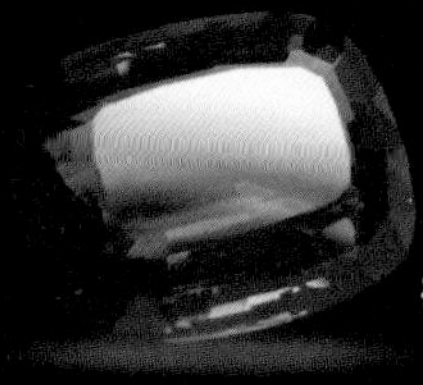

研磨したもの

宝石としても愛される身近な鉱物

虹色にきらめく宝石「オパール」

オパールは“遊色効果”とよばれる光のゆらめきが特徴で，和名は卵の卵白に似て，白濁した色が多いことから「蛋白石」とよばれます。

オパールはケイ素（シリカ）と水でできていて，結晶しない「非晶質」の鉱物です。肉眼では見えませんが，小さな球状の二酸化ケイ素の集合体で，規則正しく並んでいる場合，光が干渉して遊色を示すものがあります。

遊色がみられるものを「プレシャスオパール（またはノーブルオパール）」といい，遊色がないものは「コモンオパール」とよばれます。また，遊色があるものの中でも，地色が青いものは「ウォーターオパール」，オレンジ系は「ファイヤーオパール」，地色が濃いものは「ブラックオパール」とよばれます。

オパールは，堆積岩や火山岩のすき間などにある低温熱水溶液から沈殿してできます。なかには，生物の化石がオパール化したものもあります。

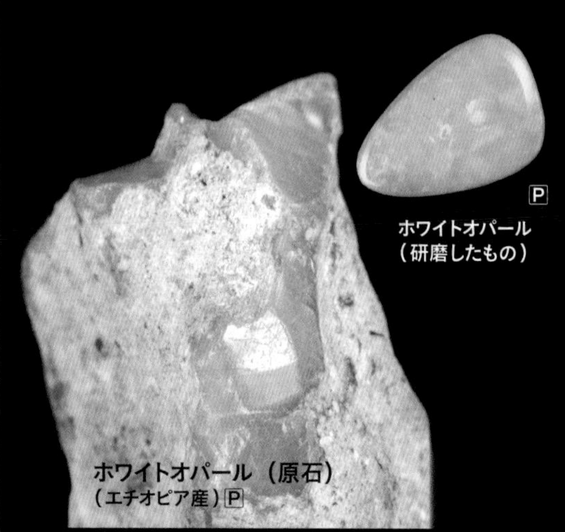

ホワイトオパール（研磨したもの）

ホワイトオパール（原石）
（エチオピア産）

蛋白石（Opal）

DATA	
分類	テクトケイ酸塩鉱物
結晶の外形	—
色・条痕色	無，白など・白
硬度	6
劈開	なし
比重	2 〜 2.3
結晶系	非晶質
化学式	$SiO_2 \cdot nH_2O$

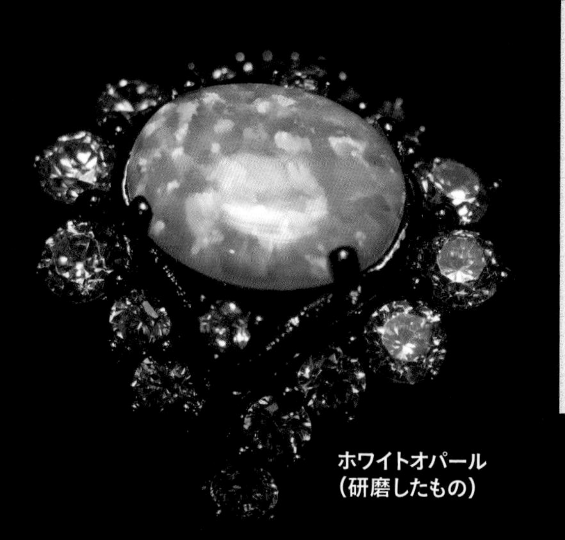

ホワイトオパール
（研磨したもの）

プレシャスオパール

オパールは乳白色のものがよく知られていますが，透明度の高いオパールもあります。また，ブラックオパールのように地色が濃いと遊色が際立って見えます。オパールは水分を多く含んでいるため，乾燥にさらされるとひび割れたり，輝きを失ったりします。

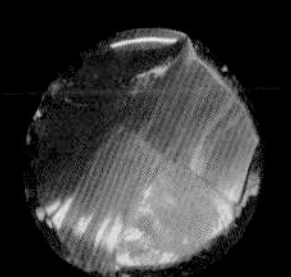

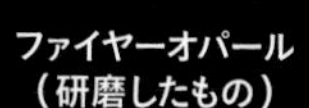

ファイヤーオパール
（研磨したもの）

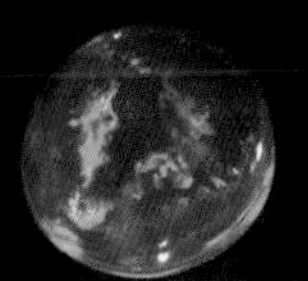

ウォーターオパール
（研磨したもの）

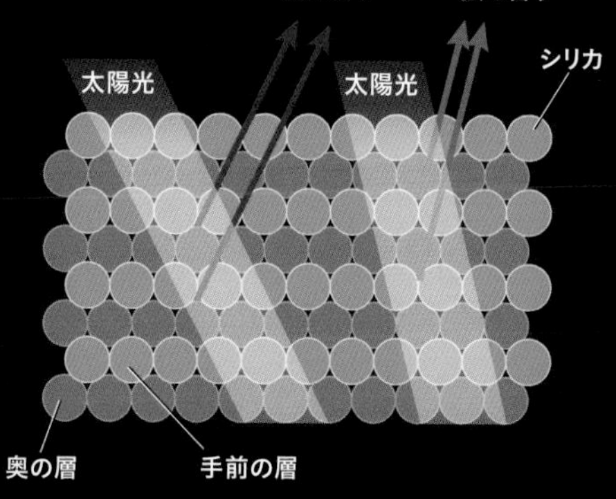

オパールを電子顕微鏡で見ると，シリカ（二酸化ケイ素）の球状の粒子が規則正しく配列しています。この粒子の層によって光の干渉がおこり，見る角度によってさまざまな色があらわれます。しかし，シリカの層どうしの間隔が大きすぎたり小さすぎたり，不ぞろいだったりすると，光の干渉はおこりません。

オパール化した二枚貝 N

おどろくべき炭素の“変身”レパートリー

すべての鉱物の中で最も硬いといわれている「ダイヤモンド」と鉛筆の芯の主原料である「グラファイト」は，どちらも炭素だけでできた単体の鉱物です。

同じ元素の単体どうしでも，原子のつながり方がことなると，性質がことなります。これを「同素体※」といいます。炭素の同素体にはほかに，サッカーボール状の分子の「フラーレン」や，筒状（チューブ状）の分子「カーボンナノチューブ」など

ダイヤモンド

ダイヤモンドは炭素原子が正四面体状に次々と重なり，強く結合しているため，全鉱物中で最も硬いです。

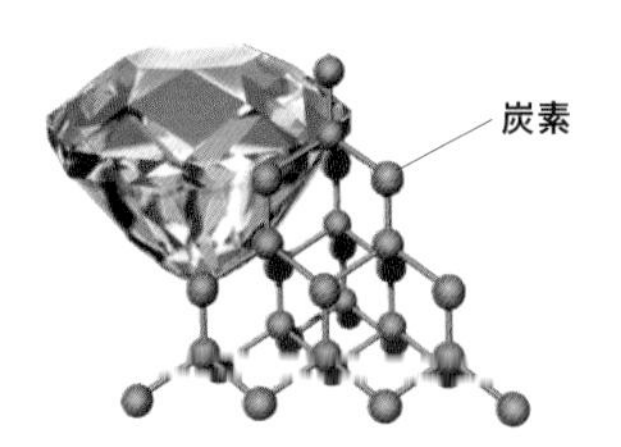

炭素（C）

周期表第14族で原子番号は6。炭素は，ダイヤモンドや石墨※などの鉱物としても存在しますが，生命体（有機化合物）をつくるのに欠かせない基本元素です。

※：工業製品は黒鉛といいます。

グラファイト（石墨）

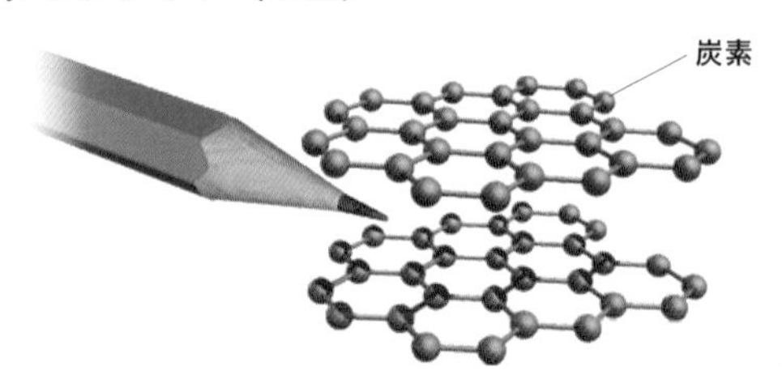

黒鉛は鉛筆の芯の主成分です。炭素原子が正六角形をつくって平面状に配列しています。平面と平面の結合は弱く，はがれやすいです。紙に文字が書けるのは，紙の表面の小さな凹凸に黒鉛の粒が入り込んで残った状態になるからです。

フラーレン

60個の炭素原子がサッカーボール状に結びついたもの。フラーレンはすぐれた電子受容体で，極低温では超伝導状態になります。

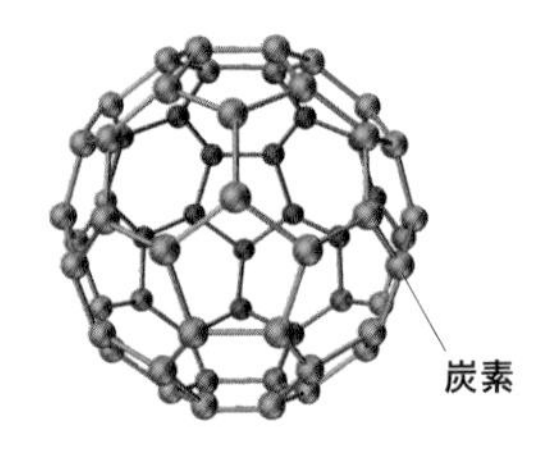

があります。

同じ炭素原子だけで構成されているのに，どうしてダイヤモンドとグラファイトはこんなに強度がことなるのでしょうか。その理由は結合のしかたのちがいにあります。

ダイヤモンドは，それぞれの炭素原子がほかの四つの炭素原子と立体的に結びついています。これに対してグラファイトは平面状に，まるでシートのように結びつき，層になって重なっています。このため，それぞれの層がはなれやすいのです。

フラーレンは，サッカーボールのように五角形（五員環）と六角形（六員環）が環状に結びついた形です。カーボンナノチューブは，筒の部分はすべて六員環で形成されています（先端部分は五員環）。カーボンナノチューブは，その直径や炭素原子の配列のしかたによって，電気の通しやすさが変わります。

※：鉱物学の分野では，多形あるいは同質異像とよばれる。

カーボンナノチューブ

文字どおり，炭素原子だけでできた，直径がナノメートルサイズの円筒（チューブ）状の物質です。同じ重量の鋼の80倍以上の強度をもち，銅よりも高い熱伝導性を備えています（図は，らせん構造をわかりやすくするため，一部色を変えてあります）。

炭素

鉱物ではない宝石たち①「真珠」

真珠（パール）は，貝がつくりだす宝石です。

貝の内側には「真珠層」とよばれる光沢のある部分があります。これは，「外套膜」という薄い膜から出る分泌物（真珠質）によってつくられています。

外套膜に砂や小さな粒などが入った場合，膜は刺激されてその異物を袋状に包み込みます。

真珠貝

真珠をつくる貝を「真珠貝」といいます。美しい真珠をつくれる貝の種類は少ないです。真珠貝として用いられるのは，主に南洋真珠に使われるシロチョウガイ，黒真珠の母貝となるクロチョウガイなどです。日本の養殖真珠では，アコヤガイが使われることが多いです。

これは「真珠袋」とよばれるものです。**ここに真珠質が沈着してできたものが「真珠」です。養殖の真珠は砂粒などのかわりに，人工的に球形に加工した，核となる小さな貝殻を入れています**。

真珠層が厚いことを，宝石の世界では「巻きが厚い」といいます。層が重なることによって美しい干渉色が生まれるのです。

真珠層は炭酸カルシウムと特殊なタンパク質（コンキオリン）でできています。貝によってこのタンパク質に含まれる色素にちがいがあり，黄色色素が少ない場合は白い真珠が，多い場合は金色の真珠がとれます。また，真珠には「黒真珠」とよばれる黒みを帯びたものもありますが，これも貝のもつ色素によるものです。

養殖真珠ができるまで

養殖真珠ができるまでを模式的にえがきました（右下）。養殖の場合でも美しい真円の真珠に育つ確率は低いです。世界ではじめて真円の真珠養殖に成功したのは，日本の御木本幸吉です。品質が高いとされる「花珠真珠」は，養殖全体の５％程度しかないといわれています。また，天然でも養殖でも，球体にならず，ゆがんだ形に育ったものは「バロック真珠」（バロックとは“いびつなもの”という意味）とよばれます。

真珠の遊色効果

真珠は炭酸カルシウムの薄い層が何千も重なってできています。ことなる層で反射した光どうしが干渉をおこし，美しい色を出しているのです。

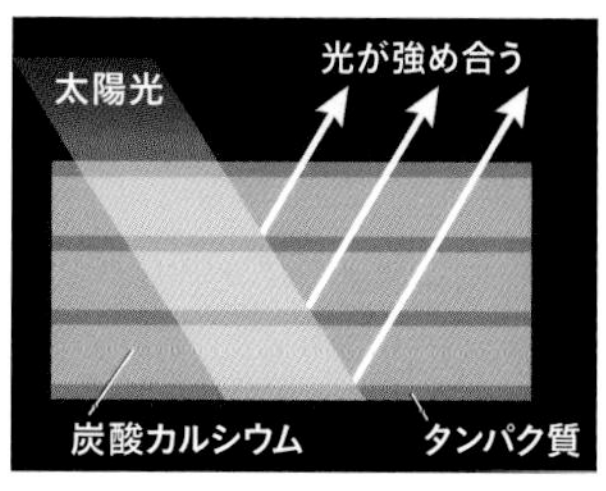

① 核を置く

母体となる真珠貝の外套膜に，核を置きます。核に使われるのはドブガイなどの貝殻を丸くしたものです。

② 真珠層で包まれる

異物が入ってきたと認識した貝は，自分の体を守ろうとして貝殻の内側と同じ成分（真珠質）を分泌し，核を包み込みます。

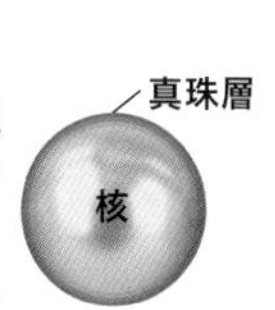

③ 真珠ができる

1〜2年かけて核の外側に真珠層が積み重なります。この層が厚いほど，宝石として輝きが増します。

3

まだまだある 個性豊かな鉱物たち

2章で紹介したもの以外にも，鉱物は数多く存在しています。この章では実際に見る機会の少ない鉱物を中心に紹介します。中にははじめて名前を耳にするものもあるかもしれません。バラエティーに富んだ美しい鉱物たちが登場します。

多彩な蛍光を発する「蛍石」

蛍石（フローライト）の主成分はフッ化カルシウム（CaF_2）です。英語の「Fluorine（フッ素）」はフローライトに由来した名称です。

フローライトは鉱滓（鉱物を精錬する際に出る“かす”）の流動性を高める溶剤として使われたことから，ラテン語で「流れる」を意味する「fluere」にちなんだ名がつけられました。

フローライトは，幅広い波長の光（紫外線～可視光線～赤外線）を透過します。このため，レンズなどの光学材料としても使われています。また，熱したり紫外線を当てたりすると蛍光を発するものがあります。

透明性が高く，しかも，グリーンやブルー，パープル，ピンクなどカラーバリエーションに富んでいて，バイカラー（２色）になるものもあり，宝飾品としても人気があります。

蛍石（Fluorite）

DATA	
分類	ハロゲン化鉱物
結晶の外形	六面体，八面体
色・条痕色	無，緑，黄，青など・白
硬度	4
劈開	4 方向に完全
比重	3.2
結晶系	立方晶系
化学式	CaF_2

原石
（大分県産）P

多彩な色をもつフローライト

フローライトは微量元素や結晶構造の欠陥などが影響し，さまざまな色になります。また，人工的につくられるものもあります。

熱を加えると発光する「氷晶石」

氷晶石の見た目は氷に似ています。そのため，発見当初は「とけない氷」だと思われていました。18世紀になってからヨーロッパで成分が分析され，ようやく鉱物と判明したのです。名前はギリシャ語の「氷の石」にちなんで「Cryolite」とつけられました。

氷晶石の産地は限られており，大規模にとれるのはグリーンランドだけです。**氷晶石の屈折率は水とほぼ同じため，無色透明の結晶を水に浸すと，姿が消えたように見えます**。グリーンランドの漁師たちは「魚にも見えないだろう」と，この石を網の重りにしていたといいます。また，加熱すると発光します。

蛍光物質

ブラックライト
（紫外線を放つ電灯）

光る

すぐに光が消える

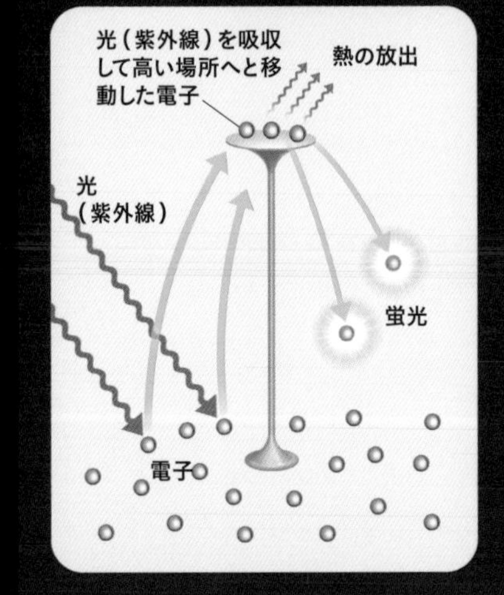

燐光物質

ブラックライト
（紫外線を放つ電灯）

光る

数秒光りつづける

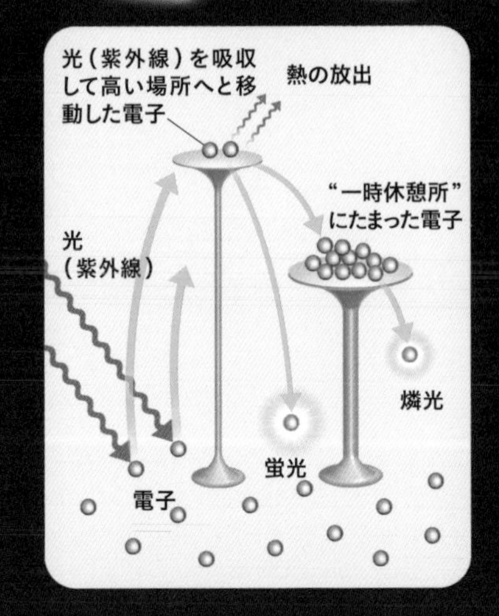

（グリーンランド産）N

氷晶石はナトリウムとアルミニウムのフッ化物で，物質名はヘキサフルオロアルミン酸ナトリウムといいます。19世紀からアルミニウムを精錬するのに使われていましたが，とり尽くされて資源が枯渇し，現在ではもっと安価な蛍石からの合成氷晶石で代用されています。

氷晶石（Cryolite）

DATA	
分類	ハロゲン化鉱物
結晶の外形	塊状，擬立方体
色・条痕色	白，無・白
硬度	$2\frac{1}{2}$
劈開	なし
比重	3.0
結晶系	単斜晶系
化学式	Na_3AlF_6

蛍光と燐光のちがい

蛍光は，次のようなしくみでおこります。

蛍光物質が特定の光を吸収すると，その物質の電子がエネルギー的により高い場所へと移動します（エネルギーを蓄える）。この場所からおりてくる際に，熱や光という形でエネルギーが放出されます。“高い場所”は電子にとって不安定なため，すぐに光を放ってもとの場所におりてきてしまうのです。

一方，燐光は光源を消したあともしばらく光を放ちつづけます。これは，電子が“高い場所”からおりる際に，いったん途中の高さの“一時休憩所”ともいえる場所にとどまるからです。この場所にたまった電子たちが，時間差をつけて光を放出しながら“下”へとおりるので，光源を消したあともしばらくの間光りつづけるのです。

光源によって色が変わる「クリソベリル」

クリソベリルはアルミニウムとベリリウムの酸化物で，主にペグマタイトや結晶片岩から産出されます。

クリソベリルは，ギリシャ語で金を意味する「khrusos」と，緑柱石を意味する「beryl」からつけられており，発見当初は緑柱石の一種だと考えられていました。和名は「金緑石」です。

鉄とチタンを含むため，その色は淡い黄色から緑，褐色までの幅をもちます。なかでも，光源によって色がちがって見える変種のアレキサンドライトは希少性が高く，珍重されています。また，鉱物の中を平行にのびた不純物（インクルージョン）が，カッティングによって猫の目のように反射して見える「キャッツアイ」は猫目石とよばれ，こちらも高い人気をほこっています。

原石（ブラジル産）N

研磨したもの

金緑石（Chrysoberyl）

DATA	
分類	酸化鉱物
結晶の外形	双晶しそろばん玉状
色・条痕色	黄緑〜褐・白
硬度	$8\frac{1}{2}$
劈開	1方向に明瞭
比重	3.8
結晶系	直方晶系
化学式	$BeAl_2O_4$

アレキサンドライト

アレキサンドライトはクリソベリルの変種(へんしゅ)です。クリソベリルに微量(びりょう)のクロム，鉄(てつ)，バナジウムが含(ふく)まれています。この不純物(ふじゅんぶつ)が黄色(きいろ)と紫色(むらさきいろ)の波長(はちょう)を吸収(きゅうしゅう)し，太陽光(たいようこう)のもとでは青緑(あおみどり)に，白熱光(はくねつこう)やロウソクのもとでは赤紫(あかむらさき)に変色(へんしょく)して見(み)えます。発見(はっけん)されたのはロシアのウラル地方(ちほう)です。1830年(ねん)に，当時皇太子(とうじこうたいし)だったロシア皇帝(こうてい)アレクサンドル２世(せい)の12歳(さい)の誕生日(たんじょうび)に発見(はっけん)されたためこの名(な)がつきました。ブラジルやスリランカなどでも産出(さんしゅつ)されています。

研磨したもの

太陽光下 P

白熱光下 P

原石
（ジンバブエ産）N

ルビーとまちがわれたこともある「スピネル」

スピネルは石灰質岩が高温で変成された「片麻岩」などから産出されます。和名は尖晶石で，八面体の結晶がトゲのように見えることから，トゲを意味するラテン語「Spina」にちなんで名づけられました。

スピネルの化学組成は$MgAl_2O_4$です。このうち，マグネシウム（Mg）とアルミニウム（Al）がほかの金属と置きかわった鉱物をまとめて「スピネル族（グループ）」といいます。磁鉄鉱（$Fe^{2+}Fe^{3+}{}_2O_4$）やクロム鉄鉱（$FeCr_2O_4$）など24種あります。

スピネルは赤い色のほか，青から黒，無色まで色幅があります。レッドスピネルの赤い色は，含有しているクロムや鉄によるものです。

科学的に成分分析できるようになるまで，鉱物は外見や硬度，劈開などで判別されていました。そのため，**色や特徴が似ているスピネルは，長らくルビー（コランダム）だと思われていました**。英国の有名な王冠にはめ込まれている「黒太子のルビー」は，ルビーではなくスピネルです。

ブルースピネル

尖晶石（Spinel）

DATA	
分類	酸化鉱物
結晶の外形	正八面体
色・条痕色	無，赤など・白
硬度	$7\frac{1}{2}$～8
劈開	なし
比重	3.6
結晶系	立方晶系
化学式	$MgAl_2O_4$

原石

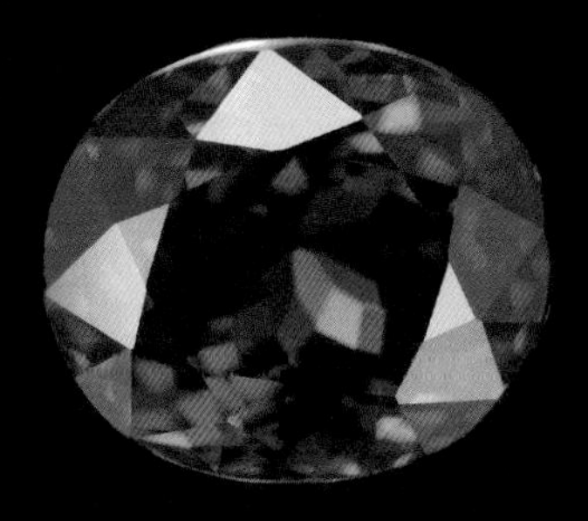

研磨したもの

スピネルの結晶

下は白い大理石の中にあるスピネルの結晶。スピネルも，不純物が少なければ無色になります。三価のクロムイオンが加わると赤みを帯び，二価のコバルトと鉄によって紫や青みを帯びます。スピネルはミャンマー，ベトナム，タジキスタン，タンザニアなどで産出されています。

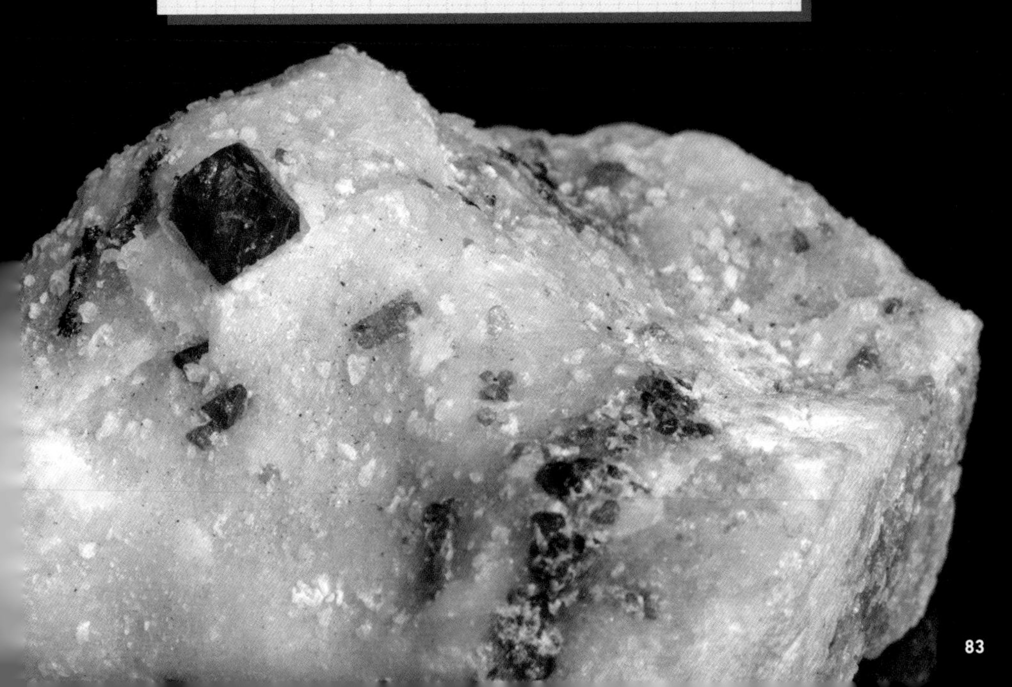

赤やピンクに蛍光する「カルサイト」

方解石（カルサイト）は炭酸塩鉱物で，石灰岩をつくる造岩鉱物です。通常，岩石は複数の鉱物が集まってできますが，石灰岩は方解石だけでできています※。

方解石の化学成分は炭素（C）と酸素（O），カルシウム（Ca）で，主にサンゴや貝など海の生き物からつくられた鉱物です。

サンゴや貝の死骸は海底に堆積し，海洋プレートにのって運ばれます。それらが大陸プレートにぶつかって地上にあらわれたのが石灰岩です。石灰岩には，方解石の化学成分のほかに，砂や泥などの砕屑物がまじっています。

方解石は鉱物としてやわらかく，モース硬度3の基準となっています。また，塩酸につけると二酸化炭素の泡を出してとけるほか，紫外線を当てると蛍光するものもあります。

※：石灰岩は，方解石の成分である炭酸カルシウムを50％以上含んだ堆積岩。

結晶の形と複屈折

方解石の「方」は立方体を意味します。結晶の形は，菱形の立体（菱面体）や六角錐状，板状，長柱状などさまざまな形になります。右の写真のような形は「犬牙状結晶」といいます。また，方解石は複屈折※が大きいため，透明な結晶の下に置いたものが二重に見えます。

※：入射した光が二つの方向に屈折していくこと。

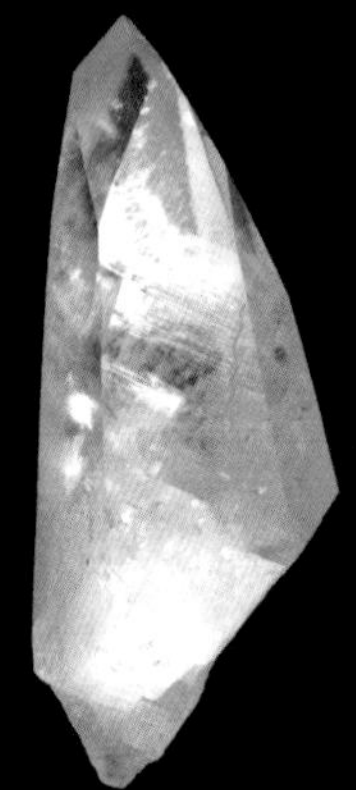

原石
（大分県産）P

方解石（Calcite）

DATA	
分類	炭酸塩鉱物
結晶の外形	菱面体，六角錐状など
色・条痕色	無・白
硬度	3
劈開	3方向に完全
比重	2.7
結晶系	三方晶系
化学式	$CaCO_3$

方解石と同じ成分の「霰石」

方解石の多形（同質異像）として，「霰石」があります。学名は「アラゴナイト(aragonite)」です。化学成分は方解石と同じですが，原子の並び方がちがいます。しかし，方解石と肉眼で区別するのがむずかしい外観をもつことも多いです。

霰石

方解石
（三重県産）N

通常の状態

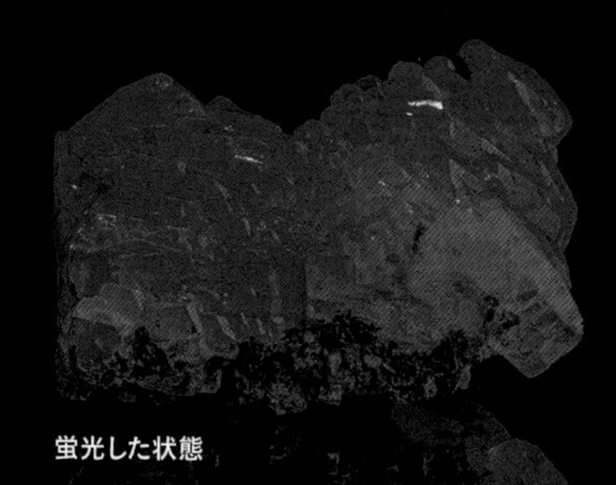
蛍光した状態

緑色(みどりいろ)に光(ひか)るふしぎな「オートナイト」

燐灰ウラン石

燐灰ウラン石

燐灰(りんかい)ウラン石(せき)（Autunite(オートナイト)）

DATA	
分類	リン酸塩鉱物
結晶の外形	片状，板状
色・条痕色	黄・黄
硬度	$2 \sim 2\frac{1}{2}$
劈開	1方向に完全
比重	3.2
結晶系	正方晶系
化学式	$Ca(UO_2)_2(PO_4)_2 \cdot 10\text{-}12H_2O$

燐灰ウラン石は，カルシウムとウランのリン酸塩鉱物です。

ウランを含有する鉱物はいくつかありますが，燐灰ウラン石は代表的なウラン鉱物です。ウラン鉱床で，閃ウラン鉱などが風化して生じた二次鉱物として，またはペグマタイトなどから産出します。

結晶は，ウラン酸の発する鮮やかな黄色～黄緑色が特徴で，四角薄板状や束状をしています。

燐灰ウラン石も蛍光する鉱物で，紫外線（ブラックライト）に当てると鮮やかな黄緑色を発します。この蛍光はウラニルイオンの電子的な性質によるもので，放射線に由来するものではありません。

蛍光した状態

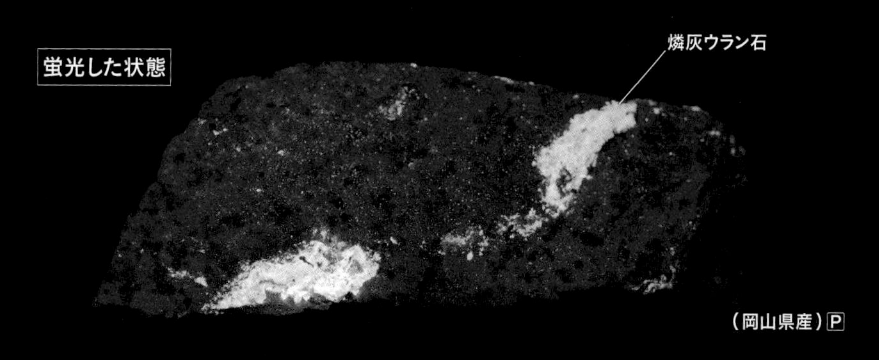

（岡山県産）P

通常の状態

（岡山県産）P

紫外線に当てると強い緑色の蛍光を放つ

太陽光にも紫外光は含まれているので，通常の状態でも燐灰ウラン石の部分は鮮やかに見えます。しかし，紫外線に当てると緑色の強い蛍光を放ち，よりくっきりと見えるようになります。なお，学名の「オートナイト」は，原産地のフランス・オータンに由来しています。

“喪のジュエリー”
「黒曜石」と「ヘマタイト」

“喪のジュエリー”とよばれる黒い宝石があります。ヘマタイトや黒曜石（正式には黒曜岩），ジェット（黒玉）などが有名です。

ヘマタイトは赤鉄鉱のことで，酸化鉱物の一種です。酸化鉄によって赤褐色～黒色をしています。顔料などとして利用されるほか，美しいものは宝飾品となります。

黒曜岩は，マグマが急激に冷やされたことで結晶化せずに固まったガラス質の岩石で，古代では槍の穂先やナイフなどとして利用されていました。現在でも，加工して土壌改良剤などに使われています。美しいものは宝飾品となります。

かつて，黒い宝石は死を悼む場で身につけることが多かったのですが，現在では日常的な装いでも用いられています。また，ブラックダイヤモンド，オニキス（黒瑪瑙），ブラックスピネルなど，ほかの鉱物でも黒い色をした宝石があります。

赤鉄鉱（原石）

赤鉄鉱（Hematite）

DATA	
分類	酸化鉱物
結晶の外形	板状，葉片状
色・条痕色	赤褐，黒・赤褐
硬度	5 ～6
劈開	なし
比重	5.3
結晶系	三方晶系
化学式	Fe_2O_3

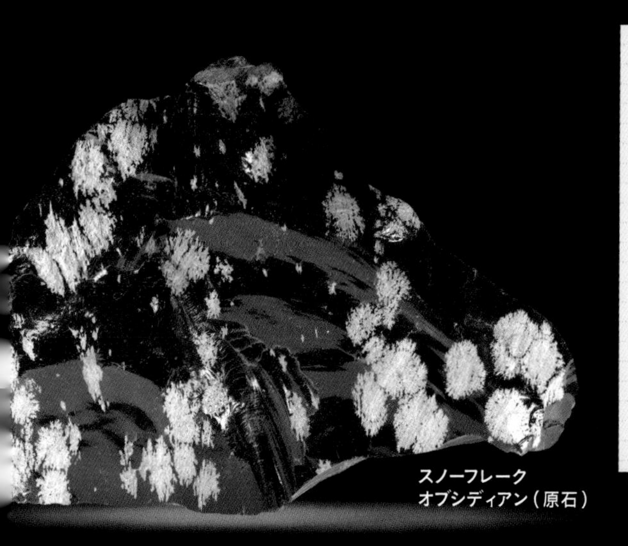
スノーフレーク
オブシディアン（原石）

黒曜石

黒曜岩（Obsidian・オブシディアン）は火山岩の一種で結晶構造をもちません（非晶質）。一般的には「黒曜石」とよばれています。名前は発見者のオブシウス（Obsius）に由来します。ガラス質で，白色の斑晶を含んだものは「スノーフレークオブシディアン」とよばれます。

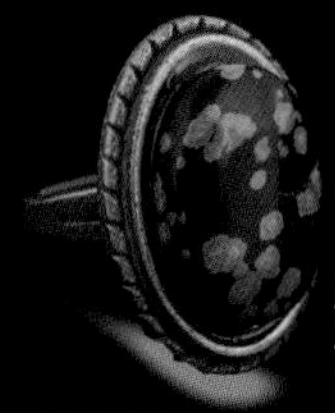
スノーフレーク
オブシディアン
（指輪）

オブシディアン
（研磨したもの）

ヘマタイトのジュエリー
（赤鉄鉱）

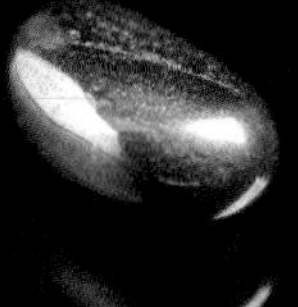
赤鉄鉱
（研磨したもの）

マントルを構成する緑の宝石「ペリドット」

地殻は花崗岩と玄武岩でできています。しかし，地球全体の体積でいうと，最も多い岩石は「橄欖岩」です。

橄欖岩をつくっているのは，大部分が「橄欖石」です。**橄欖石は緑色がかった美しい鉱物で，透明度の高いものは宝石「ペリドット」として愛されています。ただし，橄欖石の多くはマントル層にあります。**

橄欖石は英語では「olivine」といいます。緑色の実をつける植物のオリーブにちなんだ名称です。日本では翻訳する際，オリーブによく似た「橄欖」という植物の名をあててしまいましたが，橄欖はカンラン科，オリーブはモクセイ科なので別種です。そのためこの石は「オリーブ石」という名称で紹介されることもあります。

ペリドット

橄欖岩
（北海道産）P

マグマに捕獲されるマントル物質

橄欖岩はマグマが上昇する際に破片として取りまれるゼノリス（捕獲岩）として観察されることが多いです。左は玄武岩に取りこまれた橄欖岩です。

苦土橄欖石
（イタリア産）N

苦土橄欖石はマグネシウム，ケイ素，酸素という組成ですが，通常はマグネシウムの一部が鉄に置きかわっています。鉄が多いほど色が濃くなり，鉄橄欖石（Fayalite）は，黒っぽい暗緑色になります。

苦土橄欖石（Forsterite）

DATA	
分類	ネソケイ酸塩鉱物
結晶の外形	柱状
色・条痕色	緑～黄，無・白
硬度	7
劈開	1方向に明瞭
比重	3.3
結晶系	直方晶系
化学式	Mg_2SiO_4

ごく最近正式名がついた「タンザナイト」

タンザナイトは宝石としての名前で，鉱物としては灰簾石（ゾイサイト）です。灰簾石はカルシウム，アルミニウムなどを含む含水ケイ酸塩鉱物で，細長い結晶が集まったような形が簾に似ていることから「簾」という漢字が当てられています。

灰簾石の中でも，透明度が高く美しいものが宝石になります。宝石として発見されたのは比較的遅く，1960年代に東アフリカのタンザニアでみつかり，ティファニー社によって「タンザナイト」と名づけられました。この名は，2018年に正式に宝石の名称とされています※。

サファイアをしのぐ深い青色は人々を魅了しましたが，無処理のものは数が少なく，加熱処理によって鮮やかさを出しているものが多いのです。

※：一般社団法人　宝石鑑別団体協議会（AGL）によって認定された。

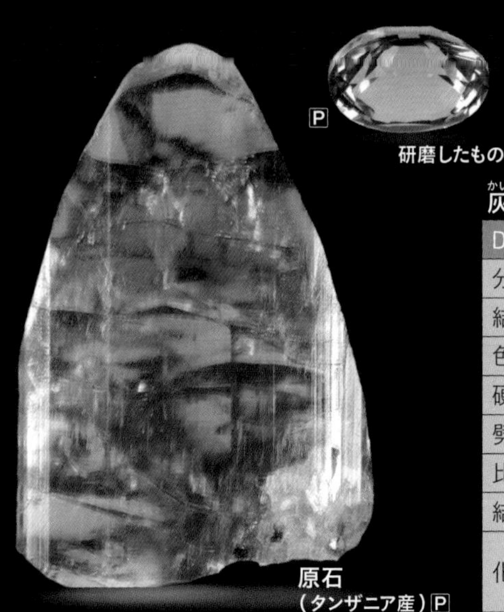

研磨したもの Ⓟ

原石（タンザニア産）Ⓟ

灰簾石（Zoisite）

DATA	
分類	ソロケイ酸塩鉱物
結晶の外形	平たい柱状
色・条痕色	白，青，紫など・白
硬度	6 ～7
劈開	1 方向に完全
比重	3.2 ～ 3.4
結晶系	直方晶系
化学式	$Ca_2Al_3(Si_2O_7)(SiO_4)O(OH)$

タンザナイト

ゾイサイトの中でも，青いものだけがタンザナイトとよばれます。タンザナイトの美しい青や紫は，含有するバナジウムによるものです。また，多色性があり，見る角度によって色が変わります。

チューライト（原石）

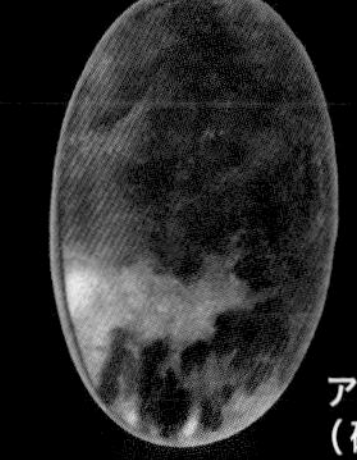

アニョライト
（研磨したもの）

不透明なルビーを含んだ緑色のゾイサイトを「ルビーインゾイサイト」または「アニョライト」といいます。名称はマサイ族の言葉で緑をあらわす「anyoli（アニョリ）」に由来します。ほかにも，ピンク色で不透明な「チューライト」（桃簾石）などがあります。

アニョライト（原石）

色の幅が多彩な，帯電する電気石「トルマリン」

電気石は，ホウ素を主要な構成元素としたケイ酸塩鉱物で，英語ではトルマリン（Tourmaline）といいます。トルマリンというと一般的には透明度が高く美しい宝石をさすことが多いです。トルマリンはシンハラ語（スリランカ）の「Turmali」に由来します。

電気石は，通常の状態では電気的に中性ですが，加熱すると電極を示し，ちりやほこりを吸い寄せます※。また，外圧を加えると電気（電位）が発生します（右下の図）。

電気石のグループには，マグネシウムを含む苦土電気石や鉄とカルシウムを含む鉄灰電気石など，33種類の鉱物があります。

トルマリンの色は多彩で「すべての色がそろっている」とまでいわれます。また，一つの結晶の中に2色や3色がまざっているバイカラーや，パーティーカラーといっためずらしい結晶もあります。

※：結晶体の両端に正負の電荷があらわれる現象で，焦電気またはピロ電気という。

原石
（パキスタン産）P

リチア電気石（Elbaite）

DATA	
分類	シクロケイ酸塩鉱物
結晶の外形	柱状
色・条痕色	緑，ピンクなど・白
硬度	$7 \sim 7\frac{1}{2}$
劈開	なし
比重	2.9 ～ 3.2
結晶系	三方晶系
化学式	$Na(Al_{1.5}Li_{1.5})Al_6(Si_6O_{18})(BO_3)_3(OH)_4$

（モザンビーク産）P

あらゆる色がある トルマリン

宝石のトルマリンになるのは，電気石のグループの中でも，リチア電気石（エルバアイト）が多いです。その名はイタリアのエルバ島に由来します。トルマリンは赤・オレンジ・黄・緑・青・紫と，ほぼすべての色が産出されています。赤と緑のバイカラーの結晶は，「ウオーターメロン（スイカ）」とよばれます。

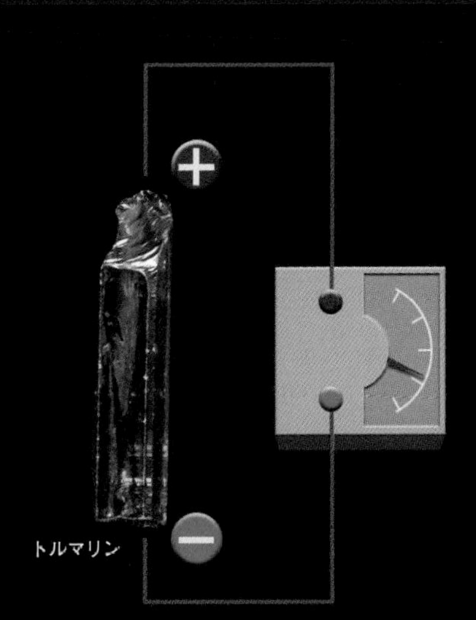

圧力を加えると電気が流れる

電気石や石英は，圧力を加えると電位が発生します。これは18世紀にフランスの物理学者ピエール・キュリー（1859〜1906）が発見した現象で，圧電（ピエゾ）効果といいます。逆に，電気石や石英に電流を流すと，鉱物が振動します。この現象を応用したのが水晶振動子で，クオーツ時計やデジタル回路などに使われています。

リチウムを含むピンク色の宝石「クンツァイト」

クンツァイトは，リチウムを主成分とした「リチア輝石」の一種です。宝石の世界では，マンガンを含んだピンク色のものをクンツァイト，クロムを含んだ緑色のものはヒデナイト，鉄を含んだ黄色いものはトリフェーンとよばれます。

岩石をつくる鉱物を「造岩鉱物」といます。輝石（Pyroxene）は火成岩や変成岩をつくる代表的な造岩鉱物です。火成岩の中から発見されたため，ギリシャ語の「pyro-（火＝火成岩）の中の xenon（異物）」から名づけられました。

輝石はガラス光沢をもつ種類の多いグループで，大きく「直方（斜方）輝石」と「単斜輝石」に分けられます。リチア輝石は単斜輝石の一つです。

リチア輝石は主にペグマタイトから産出されます。透明な結晶は宝石になりますが，資源としてリチウムの原料にもなる重要な鉱物です。

輝石グループ

直方輝石

直方輝石にはほかにも鉄珪輝石（ferrosilite），ピジョン輝石（pigeonite）などがあります。

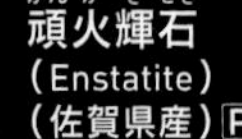

頑火輝石
（Enstatite）
（佐賀県産）P

普通輝石
（Augite）
（宮城県産）P

カットがむずかしい宝石

クンツァイトの名称は，宝飾ブランドであるティファニー社の宝石鑑定士，ジョージ・フレデリック・クンツの名に由来します。クンツァイトは多色性があり，向きによって色の見え方がことなります。また，産地によっては色が不安定で，紫外線を浴びると退色するものがあります。二方向に劈開があって割れやすいため，宝石としてのカッティングがむずかしいことでも知られています。

原石
（アフガニスタン産）P

研磨したもの P

単斜輝石

単斜輝石にはほかにも透輝石（Diopside），灰鉄輝石（Hedenbergite），ヨハンセン輝石（Johannsenite），ひすい輝石（Jadeite）などがあります。

リチア輝石

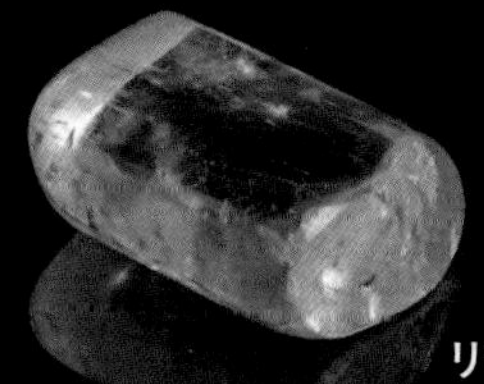
リチア輝石

リチア輝石（Spodumene）

DATA	
分類	イノケイ酸塩鉱物
結晶の外形	柱状
色・条痕色	無，ピンクなど・白
硬度	$6\frac{1}{2}$ 〜7
劈開	2 方向に明瞭
比重	3.0 〜 3.2
結晶系	単斜晶系
化学式	$LiAlSi_2O_6$

細かい石英が集まってできた「カルセドニー」

微細な石英の集まり

玉髄（Chalcedony）

カルセドニーには，緑やオレンジなどの色があります。しかし，宝石の場合，カルセドニーというと，多くは青みがかった灰白色のものをさします。緑のものは「クリソプレーズ」，オレンジ色のものは「カーネリアン」とよばれています。

石英を主成分とする細かな結晶が集まってできた鉱物を，「カルセドニー（玉髄）」といいます。結晶のサイズは1マイクロメートル以下なので，肉眼では見えません。

カルセドニーは透明または半透明なものが多く，不透明で不純物を多く含むものは「ジャスパー（碧玉）」とよばれます。また，カルセドニーの中でも，縞模様があるものは「アゲート（瑪瑙）」とよばれます。

カルセドニーは火山岩や堆積岩のすき間に，低温の熱水から成分が晶出してできます。あとから鉄分がしみ込んで色づけされることがあり，縞状になると瑪瑙とされます。熱水成分が結晶化しないとオパールができます。

不透明なカルセドニー

碧玉（Jasper）

不純物（主に酸化鉄）が多いため，不透明になっています。赤褐色のものが多く，黄褐色，灰褐色，黒褐色などもあります。

研磨したもの

原石

縞模様があるカルセドニー

瑪瑙（Agate）

縞模様はさまざまな色味があります。無処理でも鮮やかな色をしていますが，多孔質で簡単に染色できるため，人工着色も多いです。ビーズやカメオのような宝飾品として使われます。また，コケのように見える樹枝状鉱物を内包したアゲートは「モスアゲート」（「モス」はコケの意味）とよばれます。

研磨したもの

研磨したもの

原石
（茨城県産）P

成分のちがいがさまざまな宝石を生む「長石」

長石（Feldspar）は，地殻をつくっている火成岩に含まれている造岩鉱物です。

長石のグループには20種類以上の鉱物があります。ケイ酸とアルミニウム以外にカリウム，ナトリウム，カルシウムの含有率で右ページの図のように分類されます。カリウムを主成分とするものはカリ長石，ナトリウムとカルシウムを主成分とするものは斜長石とよばれます。カリ長石には正長石や玻璃長石，微斜長石が含まれます。また斜長石の中でナトリウムの多いものは曹長石，カルシウムの多いものは灰長石といいます。

純粋な長石は無色ですが，含まれる成分や含有物によってさまざまな色になります。そのため，長石にはさまざまな名前の宝石があります。

曹長石（Albite）

DATA	
分類	テクトケイ酸塩鉱物
結晶の外形	板状
色・条痕色	無，白，淡緑など・白
硬度	$6 \sim 6\frac{1}{2}$
劈開	2方向に完全
比重	2.6 ～ 2.7
結晶系	三斜晶系
化学式	$NaAlSi_3O_8$

灰長石（Anorthite）

DATA	
分類	テクトケイ酸塩鉱物
結晶の外形	板柱状
色・条痕色	白，灰・白
硬度	$6 \sim 6\frac{1}{2}$
劈開	2方向に完全
比重	2.7 ～ 2.8
結晶系	三斜晶系
化学式	$CaAl_2Si_2O_8$

100

カリ長石

K
（カリウム）

玻璃長石
（Sanidine）

正長石
（Orthoclase）
（大阪府産）P

微斜長石
（Microcline）
（ノルウェー産）P

アルカリ長石類

自然には存在しない

Na
（ナトリウム）

ナトリウムが多い ← 斜長石類 → カルシウムが多い

Ca
（カルシウム）

曹長石
（Albite）
（埼玉県産）P

灰長石
（Anorthite）
（北海道産）P

長石グループの分布

カリウムを多く含むものは「カリ長石」，ナトリウムとカルシウムを含むものは「斜長石」と区分されています。斜長石の仲間は，ナトリウムが多い「曹長石」と，カルシウムが多い「灰長石」があります。

光の干渉で美しく輝く「ムーンストーン」

長石は，成分によって色味も輝きも大きく変わるため，同じグループとは思えないほど多彩な宝石になっています。

正長石や玻璃長石が曹長石と薄層で交互に積み重なったものは，乳白色の輝きが月の光を思わせるところから「ムーンストーン」とよばれます。青緑色の微斜長石は「アマゾナイト」，微細な赤鉄鉱などを含有した長石は「サンストーン」とよばれます。ナトリウムの多い灰長石の中には，見る角度によってさまざまな色に変わる「ラブラドライト」とよばれる長石もあります。

シラー効果

ムーンストーンは，カリ長石と曹長石が交互に層をなしている場合に，光が干渉し合って青白く光って見える「シラー（シーン）効果」がおきます（写真右の青白く光る部分）。

ムーンストーンの原石

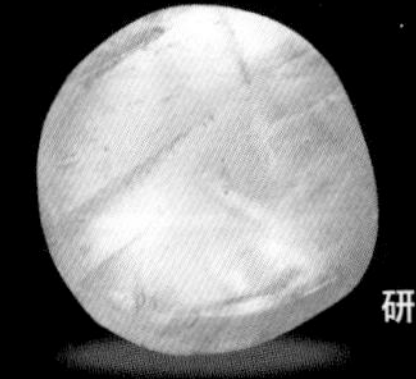

研磨したムーンストーン

カリ長石

正長石（Orthoclase）

ムーンストーン

ムーンストーン（月長石）は，正長石などカリ長石に曹長石が含まれています。曹長石の層が厚いと白色になり，層が薄くなると青みが強くなります。青いものは「ブルームーンストーン」とよばれます。

ブルームーンストーンP

微斜長石（Microcline）

アマゾナイト

青緑色で，透明～半透明のものをさします。発色は鉛によるものです。その名は南米のアマゾン川に由来しますが，産出地ではありません。和名は天河石。宝飾品のほか，窯業の原材料などにも使われます。

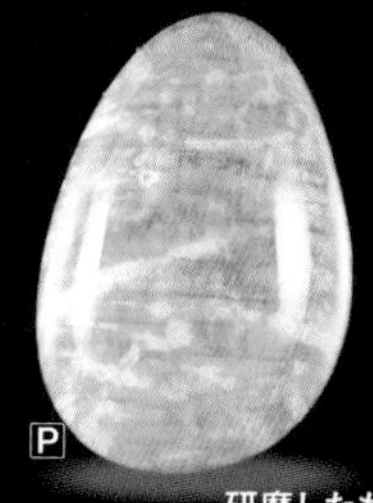

P 研磨したもの

斜長石

曹長石（Albite）

サンストーン

長石グループの中で，自然銅や赤鉄鉱（ヘマタイト）の内包物（インクルージョン）が光を反射してきらきら輝いているものを，サンストーン（日長石）という宝石名でよびます。色は無色から赤，黄，緑まで幅が広いです。写真のサンストーンは，鉱物としてはカルシウム成分の多い曹長石です。

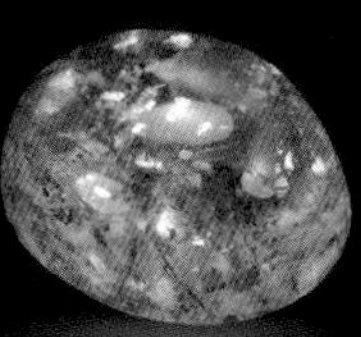

研磨したもの

灰長石（Anorthite）

ラブラドライト

ナトリウムを多く含む灰長石はラブラドライトとよばれます。カナダのラブラドル半島で発見されたことからこの名がつきました。見る角度によって変わる光は，「ラブラドレッセンス（ラブラドルの光）」とよばれています。フィンランド産の鮮やかなラブラドレッセンスを示すものは「スペクトロライト」の商品名で販売されています。

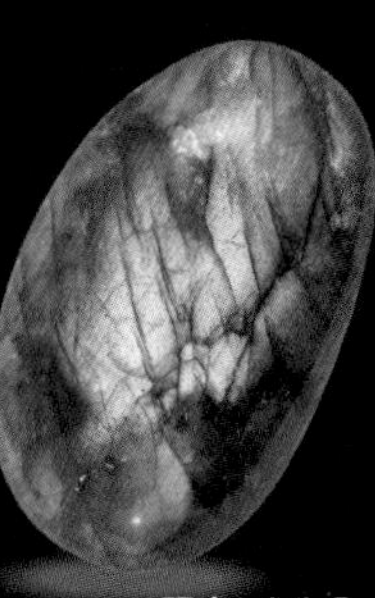

研磨したもの

コーヒーブレイク
COFFEE BREAK

鉱物ではない宝石たち②「コーラル」

コーラル（珊瑚）は，サンゴ虫という刺胞動物が集まってできたものなので，鉱物ではありません。しかし，宝石としてあつかわれています。

珊瑚には種類が二つあります。サンゴ礁をつくっている「造礁珊瑚（六放珊瑚）」と，宝石になる「宝石珊瑚（八放珊瑚）」です。造

赤珊瑚	もも	ピンクコーラル	白珊瑚

珊瑚の色の幅

珊瑚の色は，「血赤」とよばれる濃い赤から白に近い「白珊瑚」まで幅があります。血赤は英語で「オックス・ブラッド」とよばれ，価値が高いです。

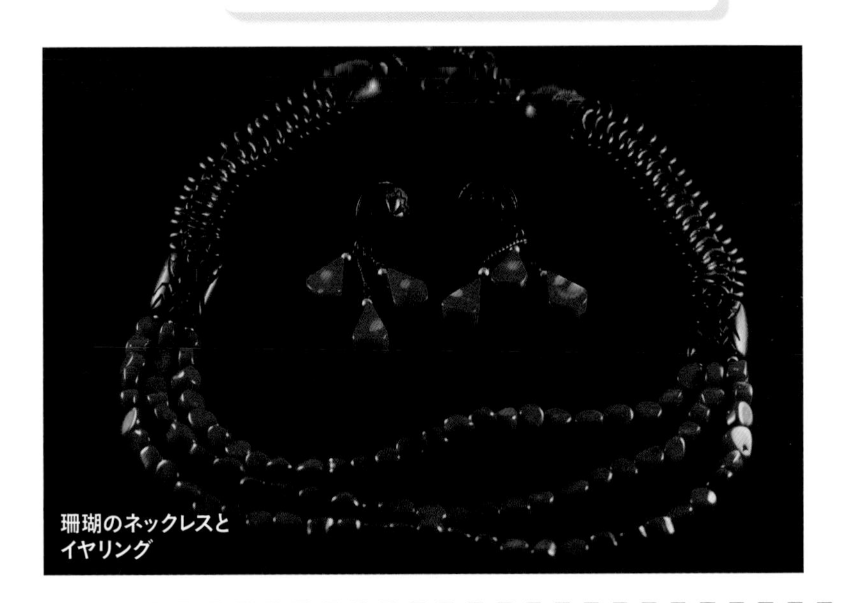

珊瑚のネックレスとイヤリング

礁珊瑚は光が届く浅瀬に生息するのに対して，宝石珊瑚は数百メートル程度の深い場所でゆっくりと成長し，その骨格が宝飾品になります。

宝石珊瑚には「赤珊瑚」や，「桃色珊瑚」「白珊瑚」「紅珊瑚」などの種類があります。**種類によって色がことなり，その骨格の色がそのまま宝石となります。**

宝石にする場合，原木から玉状などに削りだし，磨いて仕上げます。しかし，主成分は炭酸カルシウムで，硬度が低く熱に弱いです。また，酸にも弱いので，人が身につけたときの汗などでダメージを受けやすいです。そのため，染色や樹脂含浸といった処理を施されたものもあります。

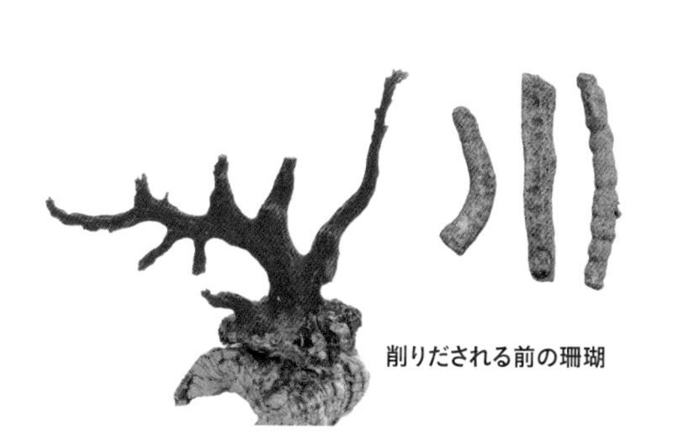
削りだされる前の珊瑚

ピンクコーラル

トルコ石と珊瑚

「六放珊瑚」と「八放珊瑚」

珊瑚はイソギンチャクなどと同じ刺胞動物で，八放珊瑚類や六方珊瑚類などがあります。刺胞動物はクラゲのように海中を漂うものと，定座生活をする「ポリプ型」があり，珊瑚はポリプ型です。

珊瑚は群体で生息します。造礁珊瑚は硬い骨格をもち，死んだ個体の骨格の上に新しい珊瑚が成長していきます。それが積み重なって海面近くまで広がった地形を「サンゴ礁」といいます。浅い海に生息する六放珊瑚は触手の数が6の倍数，光が届かないほど深い場所で育つ八放珊瑚の触手は8本です。

4 私たちの暮らしに欠かせない鉱物

鉱物は加工されて使われるので，普段の生活で鉱物そのものを目にする機会は少ないかもしれません。しかし，私たちの暮らしは多くの鉱物によって支えられています。4章では，そのような私たちの暮らしを快適なものにしている鉱物について，解説していきます。

身近な生活の中にある さまざまな鉱物

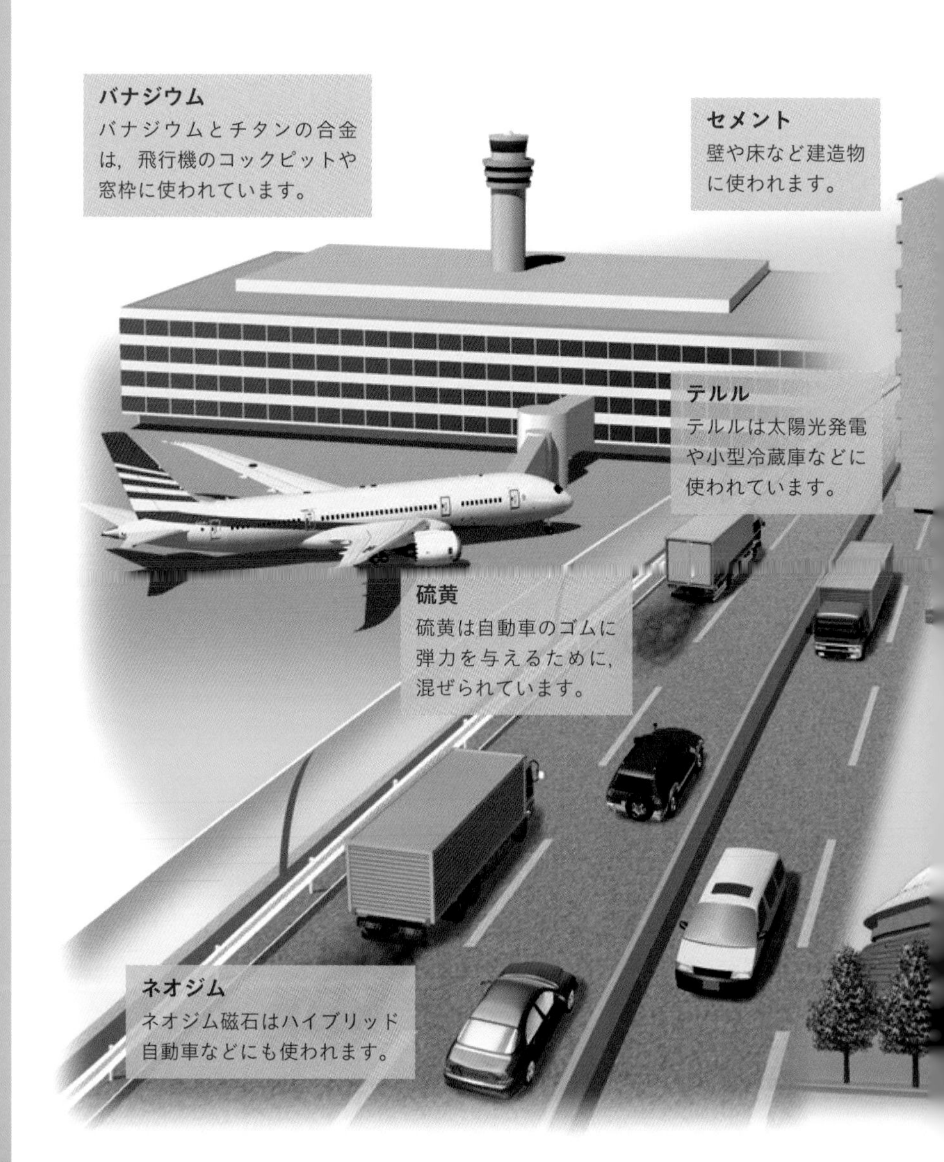

鉱物には，さまざまな製品の原料となっているものも多くあります。**これら人間にとって有益な鉱物を「鉱物資源」とよびます。**

埋蔵量が多く，精錬技術が確立していて比較的簡単に取りだせる鉄や銅，アルミニウムなどの金属は「ベースメタル」とよばれています。また金，銀，白金などの耐腐食性がある希少な金属は「貴金属」といいます。

産出量が少なかったり，抽出がむずかしかったりする，チタンやコバルト，ニッケルなどの金属は「レアメタル」です。またレアメタルの一部で，先端技術に欠かせないネオジムやセリウムなどの17元素は「レアアース」とよばれます。

ベースメタルが原料として使われている工業製品は目にする機会も多いですが，レアメタルもさまざまな場所で使われています。また，レアメタルは製品の強度や耐食性を上げるための添加材としても用いられています。

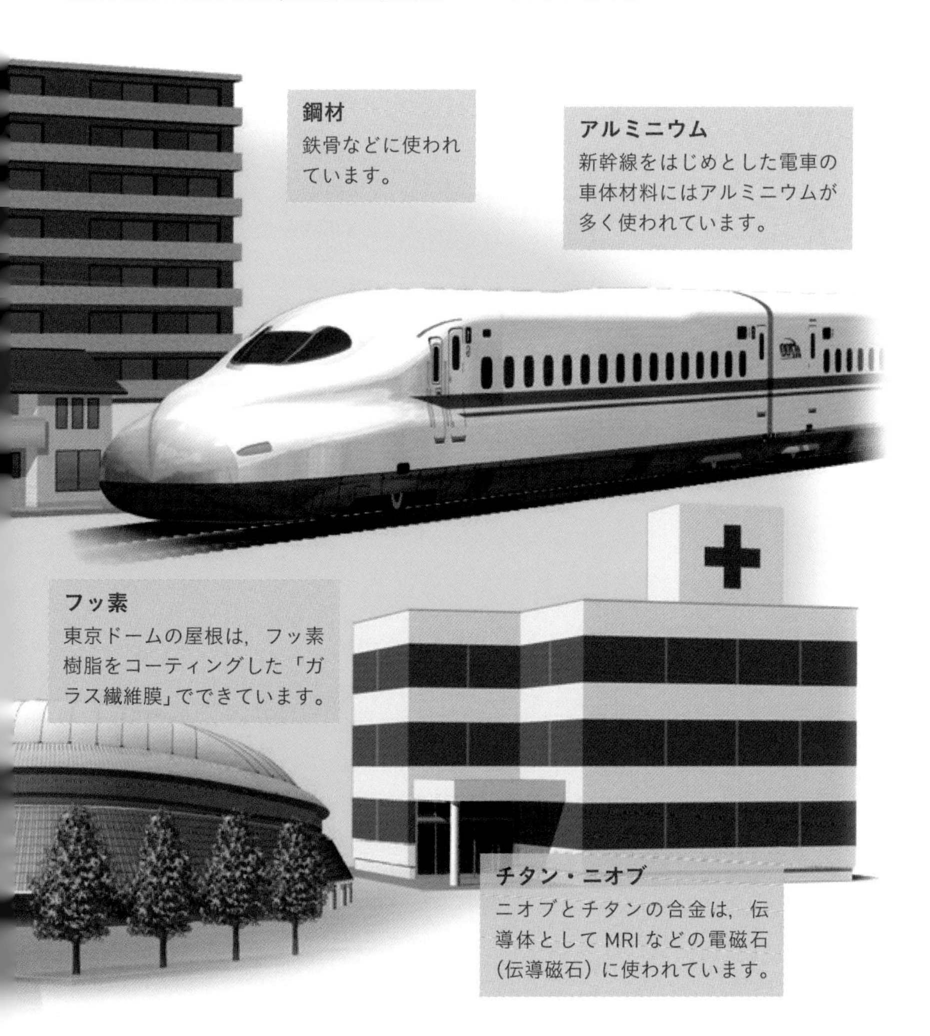

スマホや自動車にも レアメタルがいっぱい

レアメタルには，明確な定義はありません。経済産業省によれば「地球上の存在量がまれであるか，技術的・経済的な理由で抽出困難な金属のうち，安定供給の確保が政策的に重要」な金属とされています。もともと地殻中の存在量が少ない金属だけでなく，採掘や精錬の技術やコストなどの問題で流通量が少ない金属もレアメタルなのです。

レアメタルは耐熱性や耐食性，強度などにすぐれています。また，製品の小型軽量化や省エネ化にも重要な役割を果たし，環境対策という点でも有利な金属です。このため先端技術には欠かせない，非常に重要な資源となっています。

レアメタルを使うと，高機能化・小型化できる

高機能材	特殊鋼	ニッケル，クロムなど
	液晶	インジウムなど
	電子部品	ガリウムなど
小型化 軽量化・ 環境対策	磁石（小型モーター）	ネオジム，ジスプロシウムなど
	小型二次電池	リチウム，コバルトなど
	超硬工具	タングステン，バナジウムなど
	排ガス浄化	白金など

レアメタルが使われるのは，一つは製品の機能を高めるため，もう一つはモーターなどが小型化できるためです。また，鋼材などはレアメタルを使うことでより強度をもたせることができます。

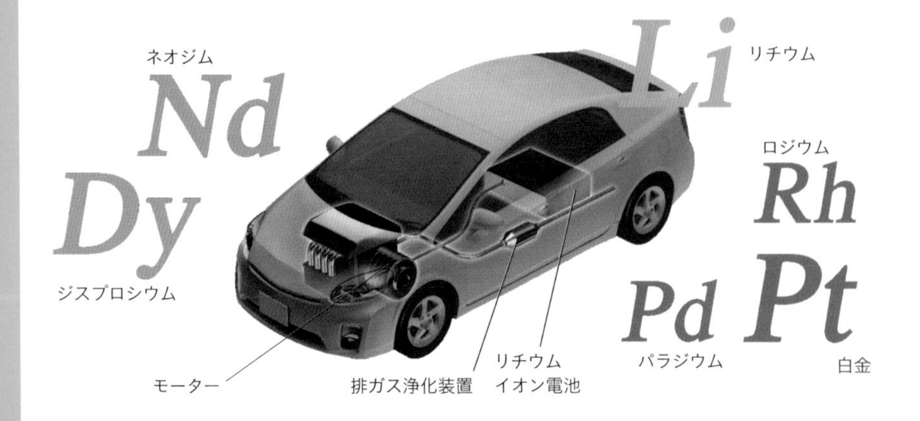

周期表でみるレアメタル

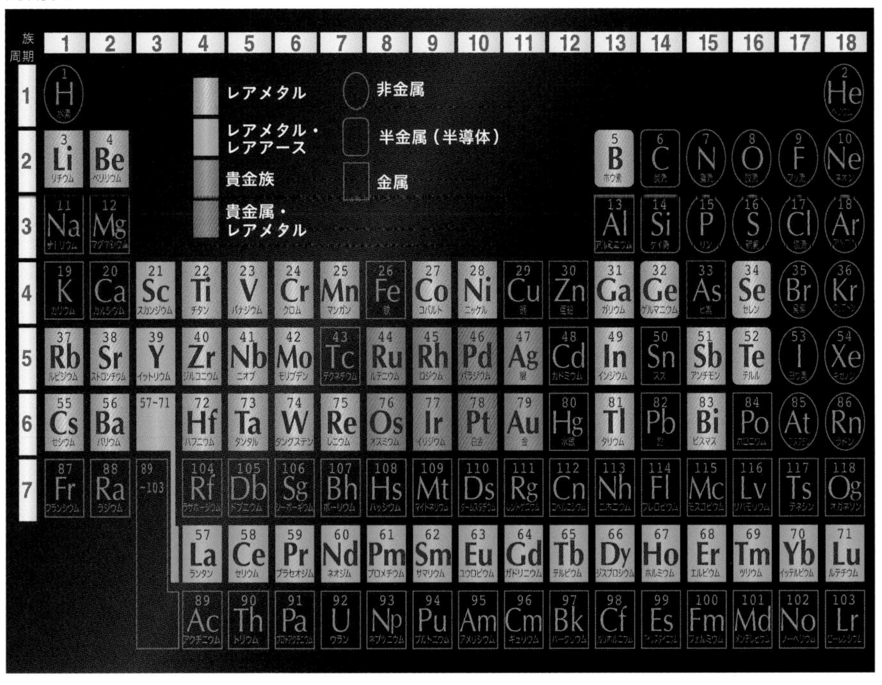

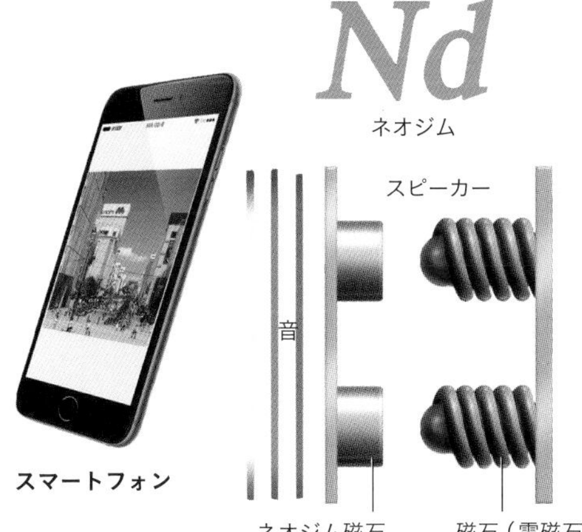

自動車に使われるレアメタル

排気ガスを出す自動車には，白金を使った排ガス浄化装置が，ハイブリッド車のモーターにはジスプロシウムを加えたネオジム磁石が使われています。また，電気自動車のバッテリーにはリチウムイオン電池が使われています。

スマートフォンのスピーカー

スマートフォンのスピーカーは，磁石どうしの反発力で板をふるわせ，空気を振動させて音を出します。

海水からつくられる鉱物「岩塩」

岩塩は，海水が地層に閉じ込められ，長い年月をかけて結晶したものです。**内陸部には陸に閉じ込められた塩湖や内海などの海水があり，これらの水分がなくなって濃縮すると，塩の結晶ができます。その上に新しい地層ができ，圧力を受けながら長い年月を経ると岩塩の層になるのです。**

岩塩は，塩素（Cl）と，ナトリウム（Na）でできています。ナトリウムは生命維持に欠かせない成分で，私たちは塩を食べることで体に取り入れています。

ヨーロッパには，巨大な岩塩の鉱山がいくつもあります。ポーランドにあるヴィエリチカ岩塩坑は坑道の総延長が約300キロメートルあり，現在でも採掘はつづいていますが，地下の一部はコンサートホールなどにも使われ，世界遺産に登録されています。

世界でとれる塩量の4分の3は，海からはなれた陸地でとられています※。しかし，日本のように岩塩層がない海岸地帯では，海水から塩を取りだします。

※：岩塩のほか，地下かん水や塩湖などからとられている。

ヒマラヤ山脈は，太古は海だった

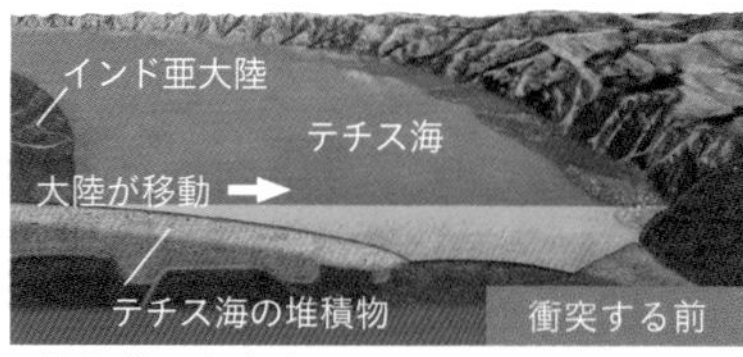

３億年前，南半球にあったインド亜大陸は，アジア大陸に向かって移動しはじめた。

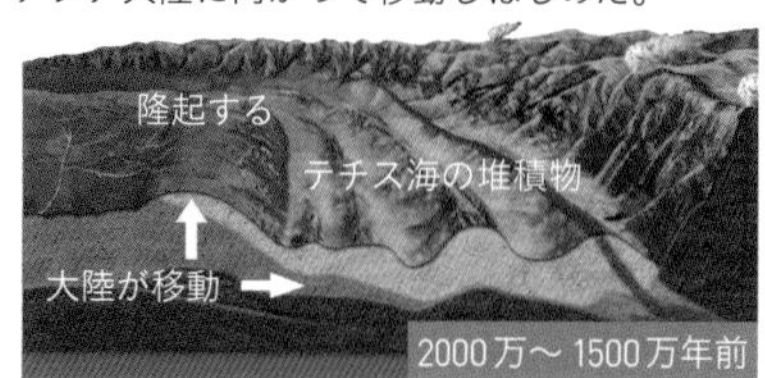

インド亜大陸は，アジア大陸との間にあったテチス海の堆積物を集めながら移動していき，テチス海はなくなってしまった。

インド亜大陸とアジア大陸が衝突しはじめる。衝突によって大地が隆起した。

ヒマラヤ山脈の隆起によって，テチス海の堆積物は地表にあらわれる。そのため，岩塩がとれる。

海水からの製塩

海水から塩を取りだす方法として，降雨量の少ない海岸地帯などで使われている方法が「天日製塩」です。海水を塩田に引きこみ，太陽と風の力で自然蒸発させ，大きな塩の結晶をつくります。日本でも，1970年代までは塩田で海水の濃縮を行っていました。

岩塩
（パキスタン産）Ⓟ

岩塩（Halite）

DATA	
分類	ハロゲン化鉱物
結晶の外形	立方体
色・条痕色	無・白
硬度	2
劈開	3方向に完全
比重	2.2
結晶系	立方晶系
化学式	NaCl

ヒマラヤ山脈の岩塩

岩塩は，産地によってさまざまにことなった色を帯びています。写真はパキスタンの岩塩で，ピンク色を帯びています。パキスタン北部にはネパールやインドからつづくヒマラヤ山脈がありますが，そこでとれる岩塩は，もともとテチス海という海の，塩分を含む堆積物からできているのです。

電線や硬貨で使われる「銅」

銅は，自然銅としても火成岩や変成岩からかたまり状で産出されます。酸化帯にある場合は，樹枝状や箔状をしています。**銅は「赤銅色」とよばれる赤っぽい色をしていますが，酸素に触れると酸化して色がくすみます。**

金や銀と同じく，銅も古くから使われてきました。学名の「カッパー（Copper）」の語源となった「cuprum」とは「キプロス島の石」という意味です。紀元前3000年ごろ，地中海東部のキプロス島にある銅鉱床から産出された銅が流通していたことに由来します。日本にも銅山は多く，江戸時代の生産量（17世紀後半～18世紀前半）は世界一で，長崎から世界へと輸出されていました。

銅は，銅鍋などの日用品のほか，硬貨などにも使われています。**また，安価で加工がしやすい銅は，電線などに欠かせない素材です。**

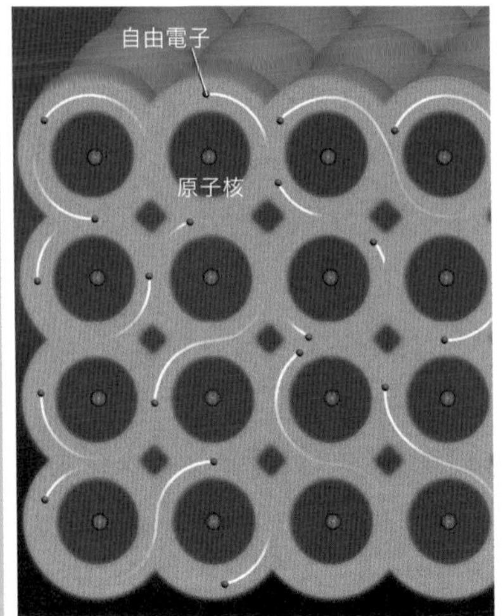

自由電子が動きまわることによって，陰極（マイナス）から陽極（プラス）へ電荷を運ぶことができるのです。

電気・熱を伝えやすい
金属の原子は，いちばん外側の殻にある電子（自由電子）が自由に動きまわることで結合しています。熱を加えると，熱のエネルギーを吸収した自由電子が，はげしく運動するため，振動は周囲の自由電子や金属原子に次々と伝わります。こうして金属は，効率よく熱を伝えるのです。銅は，銀の次に電気を流しやすい素材です。

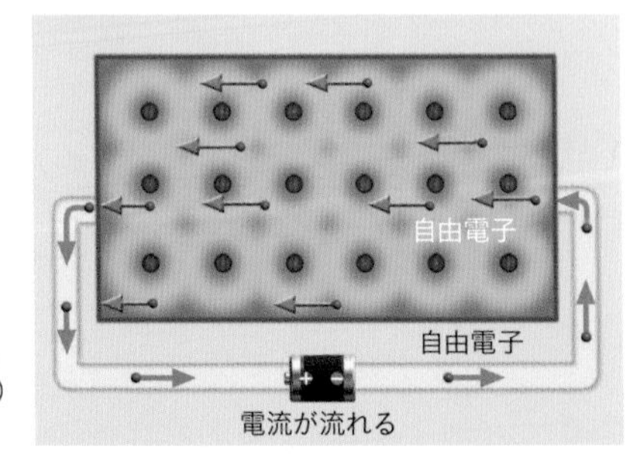

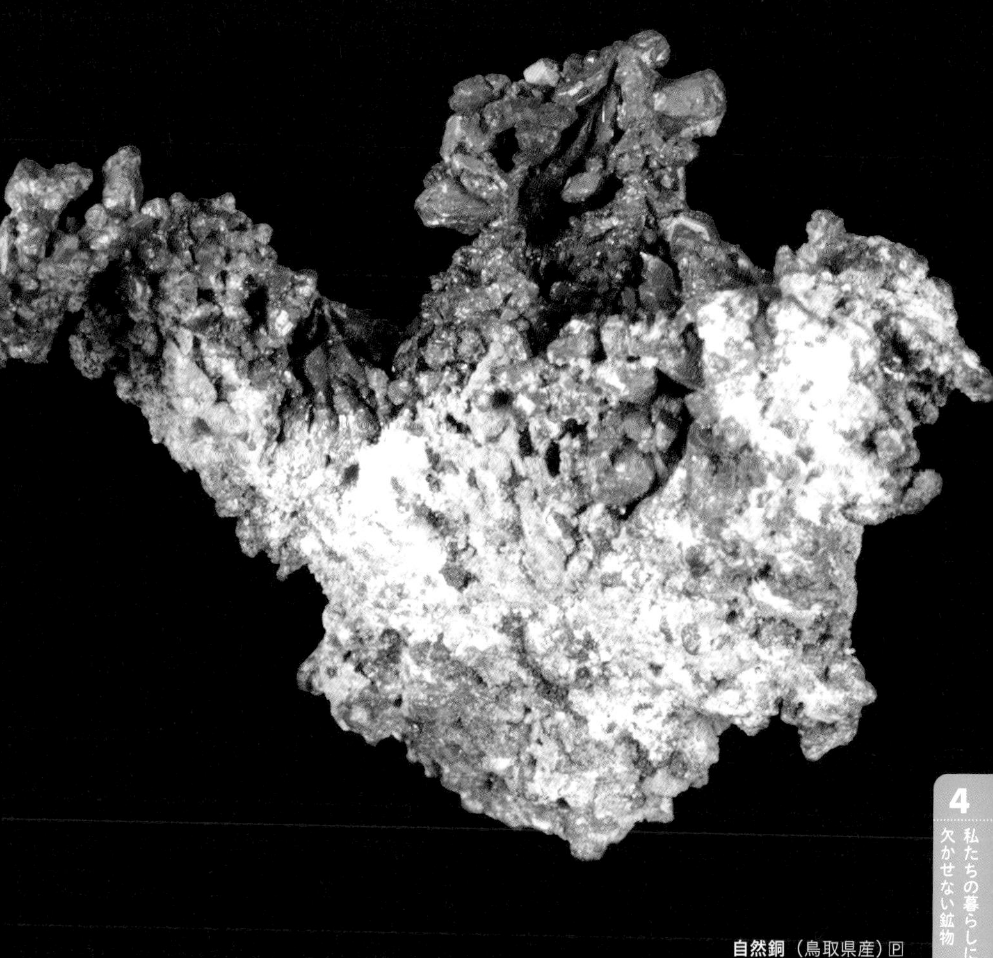
自然銅（鳥取県産）Ⓟ

電線や硬貨などに使われる

日本の硬貨は，一円玉以外すべての硬貨に銅が入っています。五円玉は銅と亜鉛，十円玉は銅と亜鉛と錫，五十円玉と百円玉は銅とニッケル，五百円玉は銅とニッケルと亜鉛をまぜたものです。電線に使用される素材には，電気抵抗の少ない銅やアルミニウムが用いられています。

自然銅（Copper）

DATA	
分類	元素鉱物
結晶の外形	塊状，まれに立方体，十二面体
色・条痕色	赤銅・赤銅
硬度	$2\frac{1}{2}$ 〜 3
劈開	なし
比重	8.9
結晶系	立方晶系
化学式	Cu

鉄鋼の原料となる重要な「磁鉄鉱」

鉄鉱石には各種ありますが，製鉄の原料に使われるのは主に磁鉄鉱や赤鉄鉱です。

ビルの柱などに使われる鉄骨は「鉄」ではなく「鋼」です。「鉄（iron）」とは元素（元素記号Fe）のことで，鉄が純度100％で使われることはあまりありません。**これに対して「鋼（steel）」は，鉄に数％の炭素を加えた鉄合金です。また，用途に応じて炭素以外の金属も微量に含まれます。**

鋼は，炭素の量が多いと硬くなります。しかし単純に炭素の量をふやしてしまうと，硬くはなりますが，その一方で靭性（粘り強さ）が低くなり，力がかかると折れやすくなってしまいます。**鋼は，用途に合わせて硬さと靭性のバランスを調整します。**

鉄鋼のつくりかた

石炭，鉄鉱石，石灰石で「コークス」と「焼結鉱」をつくり，「高炉」に入れて約2000℃で熱します。とけた鉄は「銑鉄」とよばれます。ここから不純物を取り除いて用途に応じた大きさに分け，圧延します。鉄は資材の中でもリサイクルが進んでいる資源で，スクラップになった鉄は転炉や電気炉でとかされ，ふたたび鋼として利用されます。

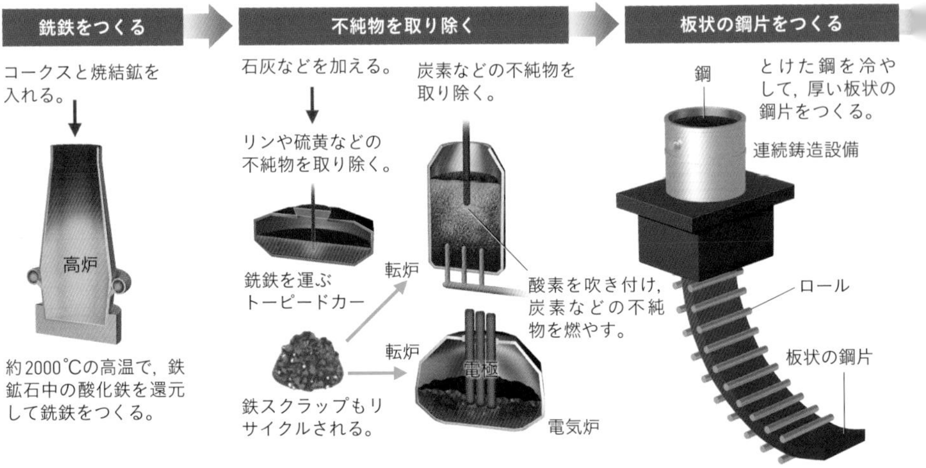

磁鉄鉱（岡山県産）Ⓟ

鋼の原料となる磁鉄鉱

磁鉄鉱は世界中のさまざまな場所から産出されます。川や海などでは，細かく砕けた「鉄砂」としてみつかることもあります。強い磁性があるため，磁石を使って集めることもできます。赤鉄鉱と並んで，鋼の原料として重要な鉱物です。

磁鉄鉱（Magnetite）

DATA	
分類	元素鉱物
結晶の外形	八面体，十二面体
色・条痕色	黒・黒
硬度	$5\frac{1}{2}$ 〜 6
劈開	なし
比重	5.2
結晶系	立方晶系
化学式	$Fe^{2+}Fe^{3+}{}_2O_4$

用途に合わせた大きさに切断 → **圧延する** → **鋼材になる**

用途に合わせた鋼片になる。

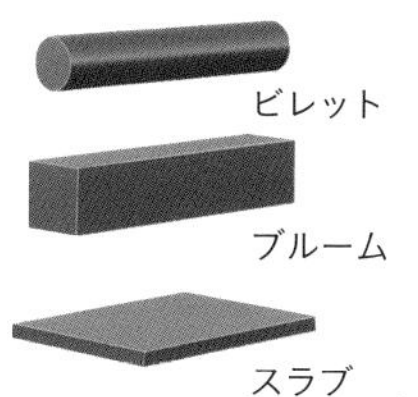

加熱炉

加熱炉で圧延に必要な1200℃程度まで加熱し，押しつぶしてのばす（圧延）。圧延することで，強さやしなやかさを加えて形をととのえる。

目的に合わせた形状の鋼材になる。

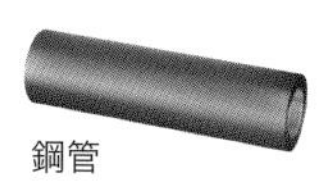

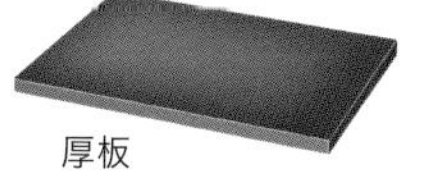

インテリアや楽器に欠かせない「亜鉛」

亜鉛は，鉄やアルミニウム，銅に次いで消費量の多い資源です。亜鉛は主に閃亜鉛鉱，異極鉱，菱亜鉛鉱から抽出されますが，最も重要なのが閃亜鉛鉱です。閃亜鉛鉱は橙色や赤褐色のものがありますが，含有する鉄が多いほど黒みを帯びます。

亜鉛は空気中で酸化しにくいため，鋼材などに被膜をつくり，金属をさびから守る用途で使われることが多く，その代表的な例が「真鍮」です。真鍮は銅と亜鉛をまぜ合わせた合金のことで，「黄銅」ともいいます。黄銅鉱と黄銅は似た名前ですが別なものです。

真鍮は加工しやすくさびにくい金属として，インテリアや楽器などさまざまなものに使われています。亜鉛の含有量が少ないと赤みが強くてやわらかくなり，逆に含有量が多いと金色がかった色で硬い真鍮になります。

亜鉛の硫化物
鉄の成分が多いほど黒い色になります。鉛の硫化物である方鉛鉱といっしょに産出されることが多く，方鉛鉱に似ていますが種類はことなります。

閃亜鉛鉱
（埼玉県産）Ⓟ

閃亜鉛鉱（Sphalerite）

DATA	
分類	硫化鉱物
結晶の外形	正四面体と双晶
色・条痕色	鉄黒，褐，赤褐， 黄・褐色～白
硬度	$3\frac{1}{2}$ ～ 4
劈開	6 方向に完全
比重	3.9 ～ 4.1
結晶系	立方晶系
化学式	ZnS

代表的な銅の鉱石

光沢をもち，見た目が自然金に似ています。条痕は自然金とちがって緑色がかった黒になり，熱水作用による鉱脈，変成岩にできる鉱床など幅広い産状を示し，世界各地で産出されます。

黄銅鉱（Chalcopyrite）

DATA	
分類	硫化鉱物
結晶の外形	四面体
色・条痕色	真鍮・緑みのある黒
硬度	$3\frac{1}{2}$ ～4
劈開	なし
比重	4.3
結晶系	正方晶系
化学式	$CuFeS_2$

黄銅鉱（秋田県産）Ⓟ

真鍮とめっき

真鍮は英語で「ブラス」といい，金管楽器などに使われます。そのため，金管楽器が主体の楽団を「ブラスバンド」といいます。なお，真鍮に見た目が似ているものに「めっき（滅金）」がありますが，これは金属などの表面に薄いコーティングを施して耐久性や強度を高める，表面処理の一種です。

火山の火口付近にできる「自然硫黄」

自然硫黄は，火山の噴火口や温泉地帯で産出されます。マグマとともに硫黄を含む蒸気が上昇し，地表で冷やされて結晶となるのです。

木炭（炭素C）と硝石（KNO_3），硫黄（S）をある比率でまぜると火薬になります。9世紀ごろ中国で火薬が発明されると，10世紀には火薬を使う武器が開発されるようになり，硫黄の需要が高まりました。日本は火山国で活火山が多いため，火口付近で露天掘りできる硫黄鉱山がいくつもありました。そのため，10世紀の終わりから13世紀の末ごろにかけて，日本から宋（当時の中国）へたくさんの硫黄が輸出されました。

硫黄は火薬以外にも，工業製品や医薬品，農薬など幅広い用途がありますが，天然ガスや石油を生成する過程で硫黄がとれる※ことから，現在では国内の鉱山はすべて閉山しています。

※1 軽油などを精製する際，発生するガスに含まれる硫化水素（H_2S）を分離して硫黄を回収することを「硫黄回収」という。

火薬の原料となった

火薬は中国で発明されました。火砲（口径の比較的大きい，いわゆる大砲）がドイツで発明されたのは14世紀のことです。中国では原料となる硫黄がとれなかったため，日本をはじめ，世界各地から輸入していました。

(栃木県産)Ⓟ

硫黄山(北海道)

自然硫黄(Sulfur)

DATA	
分類	元素鉱物
結晶の外形	四角錐状
色・条痕色	黄・白
硬度	$1\frac{1}{2}$ ～ $2\frac{1}{2}$
劈開	なし
比重	2.1
結晶系	直方晶系
化学式	S

4 私たちの暮らしに欠かせない鉱物

硫黄と噴気孔

噴気孔から噴出する硫黄は，広い空間で自由に結晶するため，比較的結晶が大きくなります。黄色から黄褐色をしているものが多くみられますが，不純物を含んでいると灰色や緑色を帯びます。上の写真は北海道の硫黄山(アトサヌプリ)で，噴気孔に硫黄ができています。この山では明治時代に硫黄の採掘がはじまりました。当時はマッチや火薬の原料として高い需要がありましたが，昭和38年に閉山し，現在は観光地となっています。

セラミックの製造に使う「ジルコン」

ジルコンは，ジルコニウムとケイ素，酸素でできた鉱物で，和名は「風信子石」といいます。ジルコンの名前の由来はいくつかありますが，アラビア語で朱色を意味する「zarkun（zarguin）」からきているといわれています。

ジルコンから，ジルコニウムやハフニウムが取りだされます。ジルコニウムはとけたり割れたり変質したりしにくい特徴があります。その**高い耐食性や耐熱性から，ファインセラミックスや触媒などに幅広く利用されています**。

ジルコンは火成岩や変成岩，堆積岩などから産出されます。とくにケイ素や長石を多く含む花崗岩や閃長岩の中にあり，透明度の高いものは宝石とされます。

ジルコンには，ウランやトリウムなどの放射性元素が含まれています。このため，年代測定にも使われます。ジルコンは，約44億年前に大陸ができたときの最古の鉱物として，西オーストラリアで発見されました。また，ジルコンは紫外線を当てると蛍光します。

写真はジルコンの結晶。母岩が風化してジルコンが分離し，細かな砕屑物となることがあります。ジルコンは硬くて重いため，河川などに流されていくと砂中で集まり，漂砂鉱床（重砂鉱床）となります。これを「ジルコンサンド」といいます。

宝石としてのジルコン

宝石としてのジルコンは，青や赤，黄色などさまざまな色があります。このうち無色のものはダイヤモンドの代用品とされました。なお，「キュービックジルコニア」は天然のジルコンではなく人工的につくられた酸化ジルコニウムです。天然のジルコンの場合でも，ブルーのジルコンは鮮やかさを出すために加熱処理されていることが多いです。

ジルコン（カンボジア産）P

ジルコン（Zircon）

DATA	
分類	ネソケイ酸塩鉱物
結晶の外形	四角錐など
色・条痕色	褐・白
硬度	$7\frac{1}{2}$
劈開	なし
比重	4.6 ～ 4.7
結晶系	正方晶系
化学式	$ZrSiO_4$

放射性元素を含み，放射線を顕著に出す鉱物を「放射性鉱物」といいます。こうした鉱物は，放射能によって結晶格子が損傷したり，破壊されて非晶質に変わったりします。

陶器や磁器のもとになる「カオリナイト」

粘土とは，粒の大きさが256分の1ミリメートル以下の鉱物などが集まったものです。

粘土は，水を含んでいるときはやわらかく，自在に形をつくることができるため，紙が発明される前のメソポタミア文明などでは粘土板に文字が刻まれました。また，焼成すると硬くなるという性質から，皿や壺などの陶磁器がつくられました。

粘土鉱物は粘土の材料となる鉱物です。その代表的なものが「カオリン」のなかまで，そのうちの一つが「カオリナイト」です。カオリナイトは，長石などが風化や熱水によって分解・変質したものです。層状ケイ酸塩鉱物の一種で，ケイ素とアルミニウムの層が交互に積層しています。その名は産地である中国のカオリン（高嶺）に由来しています。

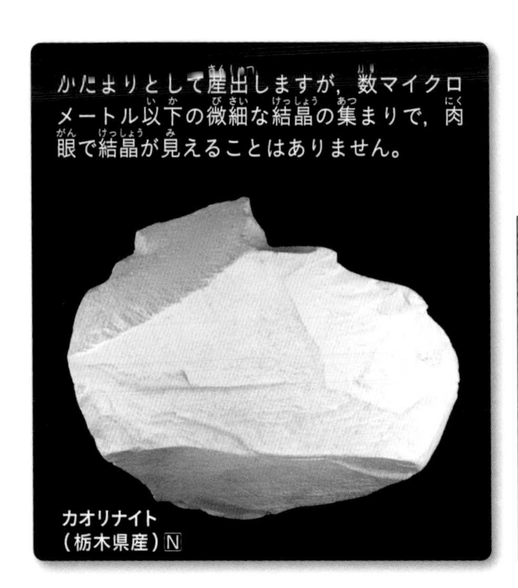

かたまりとして産出しますが，数マイクロメートル以下の微細な結晶の集まりで，肉眼で結晶が見えることはありません。

カオリナイト
（栃木県産）N

カオリン石（Kaolinite）

DATA	
分類	フィロケイ酸塩鉱物
結晶の外形	塊状
色・条痕色	白，灰，淡い褐・白
硬度	2～$2\frac{1}{2}$
劈開	1方向に完全
比重	2.6
結晶系	三斜晶系
化学式	$Al_2Si_2O_5(OH)_4$

陶器と磁器のちがい

磁器は高い温度で焼くことで長石のガラス質がとけ，表面をおおい，つるつるした手触りになります。また，珪石の成分で硬度が出ます。一方，陶器は長石・珪石の成分が少ないため，焼き肌がざらざらした多孔質になります。その分，吸水性が高くなります。

産地によって特徴が出る

焼き物は，「有田焼」「瀬戸焼」「美濃焼」など，産地によって名前がちがいます。たとえば，佐賀県の有田でつくられている有田焼（伊万里焼）は美しい白磁が特徴の磁器です。愛知県常滑市でつくられている常滑焼は，酸化鉄を多く含んだ土を使った陶器で，「朱泥」とよばれる赤い色が特徴です※。

※：さらにベンガラ（顔料としての酸化鉄）もまぜることがある。

磁器

・長石，珪石の成分が多い
・高い温度で焼く
（約1200～1400℃）

有田（伊万里）焼

陶器

・長石，珪石の成分が少ない
・低い温度で焼く
（約800～1200℃）

常滑焼の朱泥の急須

熱に強いガラスができる「テレビ石」

原子番号5の「ホウ素」は，動植物にとって欠かせない元素です。

ホウ素は単体では存在せず，天然の状態ではほとんどが酸素と結合した「ホウ酸塩」となっています。

ホウ酸塩鉱物には，ホウ砂（硼砂）やウレキサイト（ウレックス石）などがあります。

ウレキサイトの和名は「曹灰硼石」といい，繊維状に結晶したものは，下に文字などを書いた紙を置くと，文字が浮き上がって見えることから「テレビ石」ともよばれています。

ホウ酸塩鉱物は，主に塩湖が蒸発してできた蒸発岩から産出します。ホウ素は，肥料などに使われるほか，木材の保存剤や害虫駆除などにも使われています。また，ガラスにまぜると耐熱性と硬度が増すことから，「ホウケイ酸ガラス」としてビーカーやフラスコなどの理化学器具にも使われています。

繊維状結晶の集合体として産出するものもあります。

（アメリカ合衆国産）P

曹灰硼石（Ulexite）

DATA	
分類	ホウ酸塩鉱物
結晶の外形	繊維状
色・条痕色	無・白
硬度	$2\frac{1}{2}$
劈開	1方向に完全
比重	2.0
結晶系	三斜晶系
化学式	$NaCaB_5O_6(OH)_6 \cdot 5H_2O$

別名「テレビ石」

ウレックス石は別名「テレビ石」といいます。左下の写真のように，横から見たときは繊維の乱反射で透明感がありません。しかし，繊維に対して垂直の方向から見ると，縦方向の繊維が光をよく伝えるため，右の写真のように下の文字が浮き上がって見えるのです。

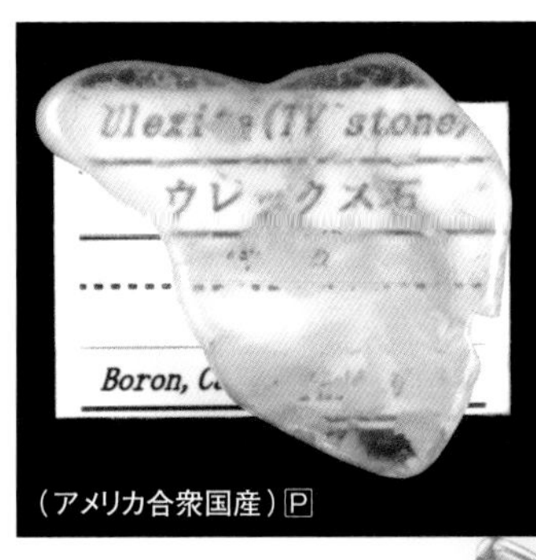

（アメリカ合衆国産）P

ビーカーやフラスコなどに使われている「ホウケイ酸ガラス」は，ホウ素を添加することで膨張係数が低下し，耐熱などの化学的耐性が高められています。ホウ素は状態によって，硬くもやわらかくもなります。子どもが遊ぶ「スライム」にはホウ酸化合物が使われています。また，ガラス以外にも釉薬として使われています。

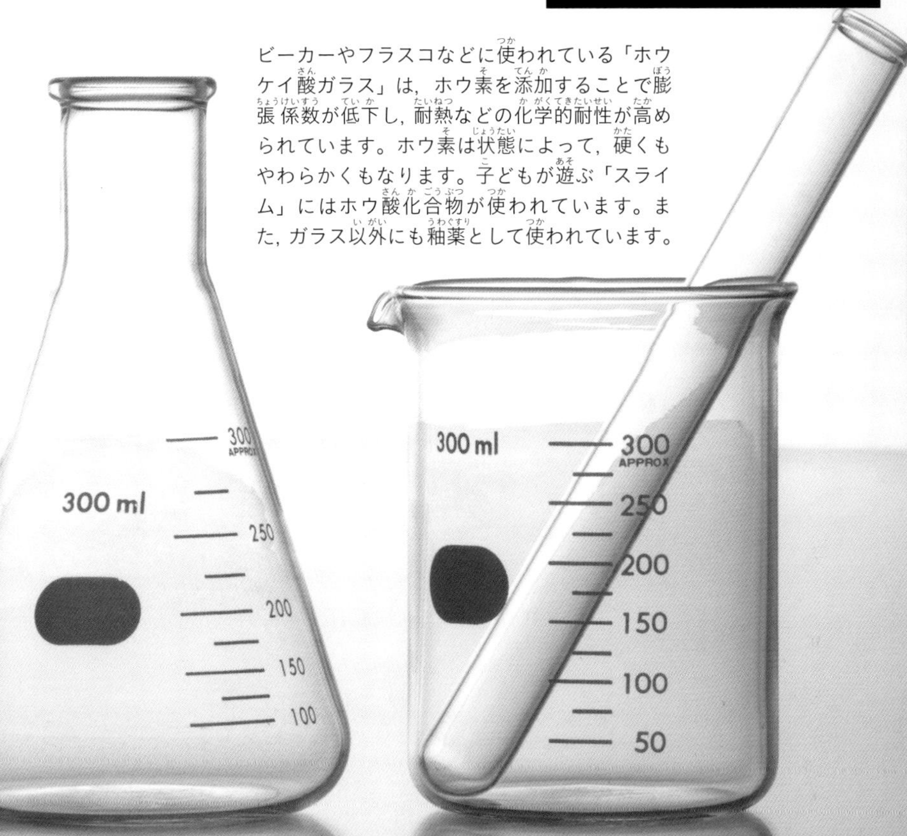

パソコンの小型化に貢献した「リチウム」

リチウムイオン電池は，小型で容量が大きく，高い電圧をもつ二次電池[※1]です。**携帯電話やパソコンが小型化できたのは，リチウムイオン電池のおかげです。**

リチウムは，すべての元素の中で最もイオンになりやすいのが特徴です[※2]。そのため，リチウムイオンを使った電池からは一気にたくさんの電流（電子）が流れることになります。また，リチウムは金属の中で最も軽い元素でもあります。そのため，最も小型で軽い，高性能の電池にできるのです。

マンガンの需要は，主に鉄鋼の原料ですが，電気自動車に使われるリチウムイオン電池の正極材料としても欠かせません。

※1：充電できないアルカリ乾電池のような使い捨ての「一次電池」に対して，充電して何度もくりかえし使える電池を「二次電池」という。
※2：イオンへのなりやすさを化学用語では「イオン化傾向」という。

マンガンの原料となる鉱物

マンガン鉱が風化して，二次的にできる鉱物です。また，低温熱水鉱脈からも産出します。鉄鋼材の材料や，薬品，乾電池などの原料として使われます。

（ドイツ産）P

軟マンガン鉱（Pyrolusite）

DATA	
分類	酸化鉱物
結晶の外形	塊状まれに柱状
色・条痕色	黒・黒
硬度	2※～$6\frac{1}{2}$
劈開	2方向に完全
比重	5.2
結晶系	正方晶系
化学式	MnO_2

※：土状のもの

リチウムイオン電池のしくみ

リチウムイオンが，層状のカーボンと層状のコバルト酸リチウムの間を行き来することで，放電と充電を行うことができます。

※：用途によって材料は微妙にことなるが，一般的な材料でえがいた。

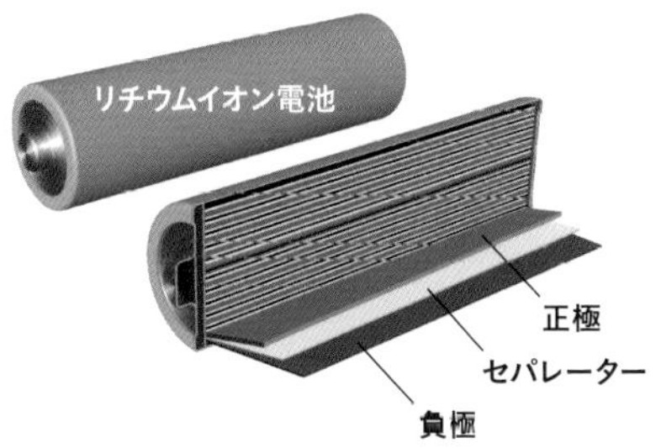

放電時の反応

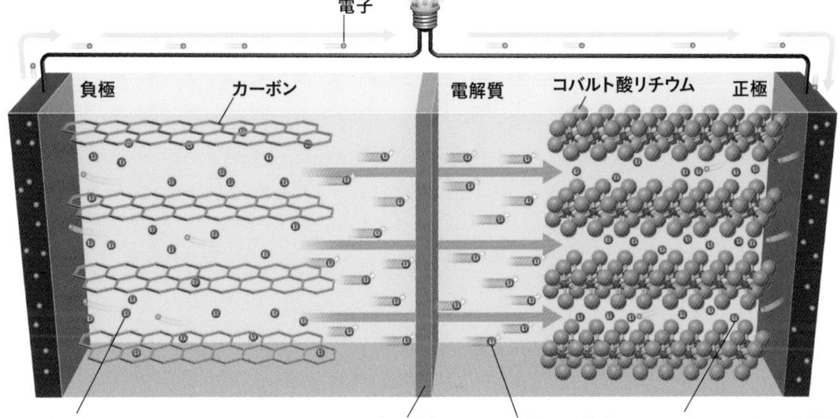

カーボン中のリチウムが電子を放出して，リチウムイオンになる

セパレーターは，正極と負極の材料が接してショートするのを防ぐ。リチウムイオンを通す

正極へと移動するリチウムイオン

リチウムイオンは電子を受け取り，コバルト酸リチウムに収納される

リチウムの原料となる鉱物

（アフガニスタン産）Ⓟ

リチア輝石（Spodumene）

リチア輝石は，美しいものは宝飾品になります（96ページ）。リチウムは鉱物からもとれますが，主に塩湖から取りだされています。アタカマ塩湖のあるチリは，世界最大のリチウム埋蔵量をほこります。

リチウムはリチウムイオン電池の製造に用いられるほか，陶器やガラスの添加剤など，窯業の原料としても使われています。

アタカマ塩湖

液晶ディスプレイに欠かせない「インジウム」

レアメタルの大きな需要に，半導体製品への利用があります。半導体とは金属のように電気をよく通す導体と，ダイヤモンドや食塩のように電気を通さない絶縁体との中間程度の電気伝導度を示す結晶です。代表的な半導体としては，ゲルマニウムやケイ素（シリコン）などがあります。

インジウムは，透明で電気を通す「透明電極」として，液晶ディスプレイなどに使われています。インジウムは閃亜鉛鉱（118ページ）などに含まれており，日本で最初に発表された「櫻井鉱」もその一つです。

インジウムは，それ単独では鉱床をつくりません。亜鉛や錫，鉛の鉱石にごくわずかに含まれているので，それらを取りだした“残り物”からインジウムを取りだします。つまりインジウムは，“副産物”なのです。そのため主産物である亜鉛や鉛の生産量や価格に左右されます。

インジウムの原料となる鉱物

黄錫鉱の錫をインジウムで置換したと考えられる硫化鉱物。1965年に発表された日本の鉱物です。その名はアマチュア鉱物学者の櫻井欽一に由来します。

（兵庫県産）N

櫻井鉱（Sakuraiite）

DATA	
分類	硫化鉱物
結晶の外形	塊状
色・条痕色	帯緑鋼灰・鉛灰
硬度	4
劈開	なし
比重	4.5
結晶系	正方晶系
化学式	$(Cu,Zn,Fe)_3(In,Sn)S_4$

光を通し，電気も通す「透明電極」の原料

インジウムの酸化物は，液晶やプラズマディスプレイなどの透明電極膜に使われています。
　金属には電気が流れます。しかし，光が当たると動きまわる電子に光がぶつかって，反射してしまいます。一方，金属と酸素が結合してできた物質（酸化物）は，薄い板にすれば，たいていが透明です。しかし，金属酸化物の多くは電気を通しません。
　ところが金属の酸化物でも，電子を余分に加えてやれば，電気が流れるものがあります。それがカドミウム（Cd）やインジウム（In），亜鉛（Zn），錫（Sn）の酸化物です。これらの酸化物では，金属原子の電子雲（電子の分布領域）が，酸素原子よりはるかに大きく広がって重なり合うため，電子が原子の間を移動できるようになるのです。

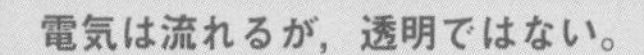

インジウムの単体金属

電気が流れる

インジウム

自由に動く電子

透明であるが，電気は流れない。

インジウムの酸化物
（In_2O_3）

電気が流れない

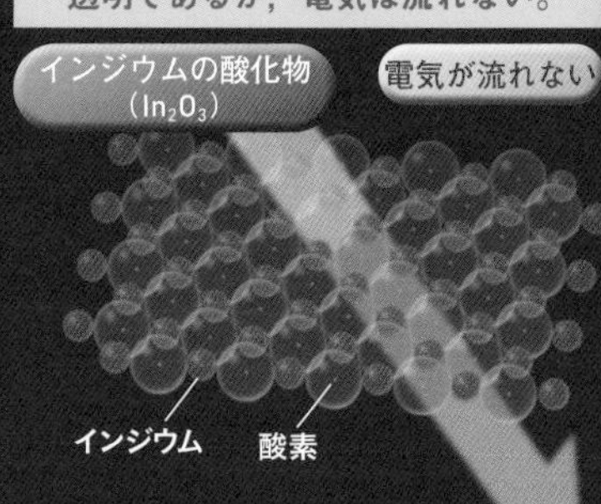

透明で，電気が流れる。

インジウムと錫の酸化物
（$In_2O_3+SnO_2$）

電気が流れる

錫は，インジウムより電子を1個多くもちます。そのため，インジウムの酸化物にまざると，電子を一つ外へ出します。

錫

インジウム

酸化インジウムに錫をまぜたり，酸素が間引かれたりすると，電子があまります。あまった電子は，インジウムに加わります。その結果，インジウムの電子雲が大きく広がります（オレンジ色の矢印）。

触媒・光触媒に使われる「チタン」と「白金」

チタンは，地中では酸素と結びついた形（二酸化チタン）で存在します。二酸化チタンから酸素を引きはがして精錬するには，たくさんの工程と電力が必要なため，レアメタルに分類されています。

二酸化チタンは「光触媒」として活用されています。光が当たることでよごれが分解されるため，ビルの外壁やトイレなどに利用されています。

光触媒以外にもさまざまな触媒があり，たとえばガソリン車の排ガス浄化装置などには，触媒として白金が使われています。

白金は78個の電子をもっていて，それらが原子核のまわりに存在しています。ただし電子はきっちり詰めこまれているわけではなく，内部に“空席”が一つあります。白金原子はこの空席を埋めるために，電子を引きつける性質があります。**このような白金原子の性質は，白金の表面に有害な分子をくっつけてバラバラにし，無害な分子へとつくりかえて解放します。**

チタンの原料となる鉱物

二酸化チタンからなる鉱物。二酸化チタンの鉱物は，ほかに鋭錐石と板チタン石があります。火成岩や変成岩の中にある石英の結晶中にできることが多いです。

金紅石（Rutile）

（岐阜県産）Ⓟ

DATA	
分類	酸化鉱物
結晶の外形	柱状
色・条痕色	赤，褐，黄，黒・黄褐
硬度	6 ～ $6\frac{1}{2}$
劈開	明瞭
比重	4.2
結晶系	正方晶系
化学式	TiO_2

自動車の排ガスを浄化する触媒

※実際には，NOx（窒素酸化物）の分解が白金よりも得意な「ロジウム」や，白金と似たようなはたらきをするが白金より安価な「パラジウム」もまぜて使うことが多い。

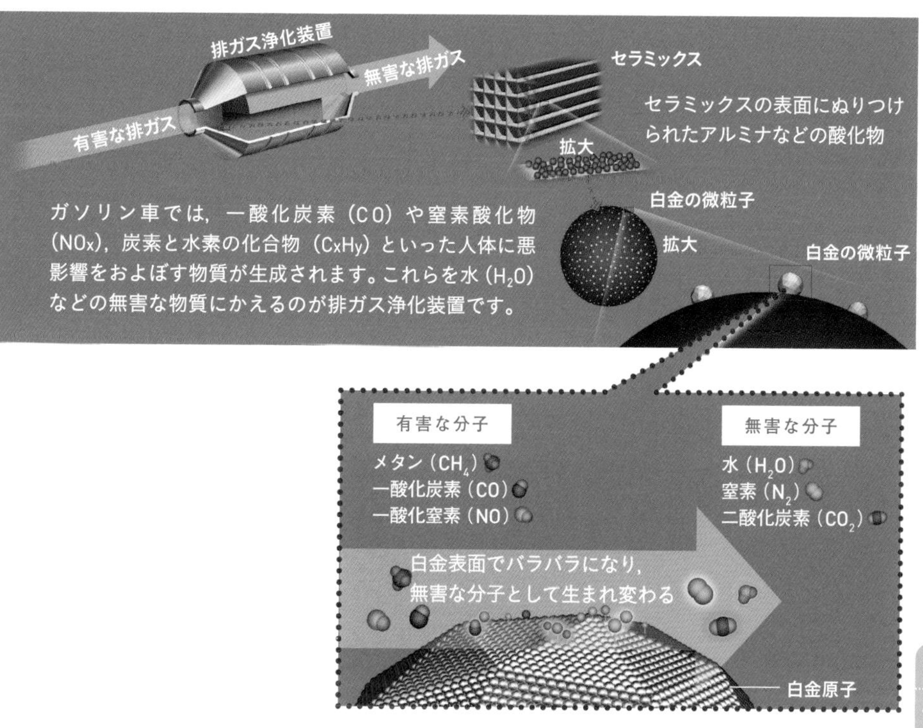

白金の表面で有害分子がバラバラになる

排ガス浄化装置でおきている反応をえがきました。たとえばメタン（CH_4）は，炭素（C）と水素（H）に分かれて白金の表面にくっつきます。そのうち水素は，白金表面にくっついている酸素（O）と結合して水（H_2O）となり，表面をはなれていきます。一酸化炭素（CO）は二酸化炭素（CO_2）となり，一酸化窒素（NO）は窒素（N_2）となって，外気に排出されます。

白金の原料となる鉱物

白金は鉄やニッケルなどとまざった形で産出することが多いです。単結晶の場合，橄欖岩などが風化して崩れ，川などに流されたものが集まった砂白金として産出します。

※：くわしくは49ページ参照

自然白金（Platinum）

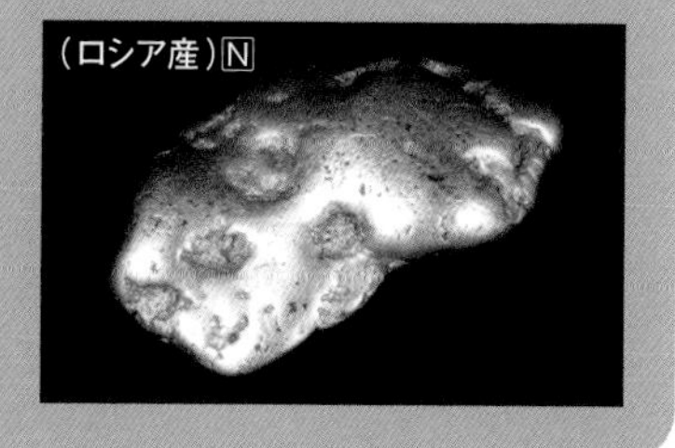

金属の耐久性を変える

レアメタル

レアメタルが用いられる目的の一つに，耐食性や耐熱性，硬度を高めるというものがあります。

鉄にクロムを一定量添加した合金を「ステンレス鋼」といいます。ステンレス鋼の特徴はさびにくいことです。表面のクロムが空気中の酸素と結びつき，酸化被膜をつくることで，表面をおおい，合金内部が酸化するのを防ぎます。

バナジウムは，それ自体は比較的やわらかい金属ですが，鉄鉱にまぜて合金をつくると，非常に硬い「バナジウム鋼」になります。

ニッケルも，ステンレス鋼の原料です。ステンレス鋼に限らず，私たちの社会で使われている鉄鋼材料は，さまざまな元素を添加することで，強度，延性，靭性などの特性を高めています。

たとえば，クロムとモリブデンを鉄に微量添加した「クロムモリブデン鋼」は，軽くて強い材料として自転車や工具，包丁などに利用されています。

クロムの原料となる鉱物

鉄（Fe）とクロム（Cr）の酸化物で，鉄とマグネシウムが置換し合い，マグネシウムのほうが多くなると「クロム苦土鉱」となります。橄欖岩や蛇紋岩などに含まれます。

（北海道産）P

クロム鉄鉱（Chromite）

DATA	
分類	酸化鉱物
結晶の外形	塊状
色・条痕色	黒・褐
硬度	$5\frac{1}{2}$
劈開	なし
比重	4.8 ～ 5.1
結晶系	立方晶系
化学式	$Fe^{2+}Cr_2O_4$

バナジウムの原料となる鉱物

銅（Cu）と鉛（Pb）の含水バナジン酸塩鉱物で，亜鉛が多いと「デクロワゾー石」になります。銅や鉛，亜鉛などを含む鉱床の酸化帯にできます。

（栃木県産）N

モットラム石（Mottramite）

DATA	
分類	バナジン酸塩鉱物
結晶の外形	ぶどう状，板状
色・条痕色	草緑，黄・黄
硬度	$3 \sim 3\frac{1}{2}$
劈開	なし
比重	5.9
結晶系	直方晶系
化学式	$PbCu(VO_4)(OH)$

ニッケルの原料となる鉱物

マグマ鉱床から磁鉄鉱などとともに産出します。または，蛇紋岩の中に，アワルワ鉱などとともに微粒として含まれることがあります。

（オーストラリア産）P

ペントランド鉱（Pentlandite）

DATA	
分類	硫化鉱物
結晶の外形	塊状
色・条痕色	黄褐，褐・黄銅褐
硬度	$3\frac{1}{2} \sim 4$
劈開	なし
比重	4.9 ～ 5.2
結晶系	立方晶系
化学式	$(Ni,Fe)_9S_8$

モリブデンの原料となる鉱物

写真の銀白色の板状の結晶が輝水鉛鉱です。モリブデンの主要な鉱物で，高温～中温の熱水鉱床やスカルン鉱床などから産出します。褐色の部分は褐鉄鉱の被膜です。

輝水鉛鉱（Molybdenite）

（山梨県産）P

DATA	
分類	硫化鉱物
結晶の外形	板状
色・条痕色	鉛灰・鉛灰
硬度	$1 \sim 1\frac{1}{2}$
劈開	1方向に完全
比重	4.8
結晶系	六方晶系
化学式	MoS_2

コーヒーブレイク
COFFEE BREAK

息をのむほど美しい結晶の世界

ここまで数多くの鉱物を紹介してきました。研磨することで，さらに美しい宝石へと変貌するものも数多くありました。

ここでは鉱物がつくる結晶の中でも，とてもふしぎな形をしたものや，息をのむほどに美しいものをいくつか紹介します。

左下にあるのは，「メソライト（中沸石）」とよばれる鉱物の結晶です。無数の細い針のような構造が放射状にのびた非常に特徴的な形状をしています。

右上にあるのはレアメタルの一種である「ビスマス」の人工結晶です。ビスマスには，自然の結晶と人工でつくった結晶があります。人工の結晶には虹色の干渉色が生まれますが，これは表面が酸化膜でおおわれてできた構造色で，ビスマス本体の色ではありません。

右下にあるのは炭化ケイ素の人工結晶「モアサナイト」です。天然にはほとんど存在せず，わずかに隕石などからみつかることがあります。ダイヤモンドとシリコンの中間的な性質をもっています。

これらの鉱物も，その有用性から重宝されるだけでなく，観賞用としても人気があるのです。

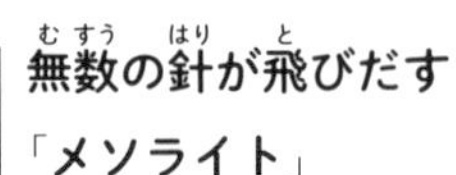

無数の針が飛びだす

「メソライト」

触媒や吸着材としても利用されるゼオライト（沸石）の一種です。色は白っぽい半透明で，直方晶系の結晶を形成します。写真では，緑色のフッ素魚眼石（フルオルアポフィライト）の上にメソライトが見事な結晶をつくっています。

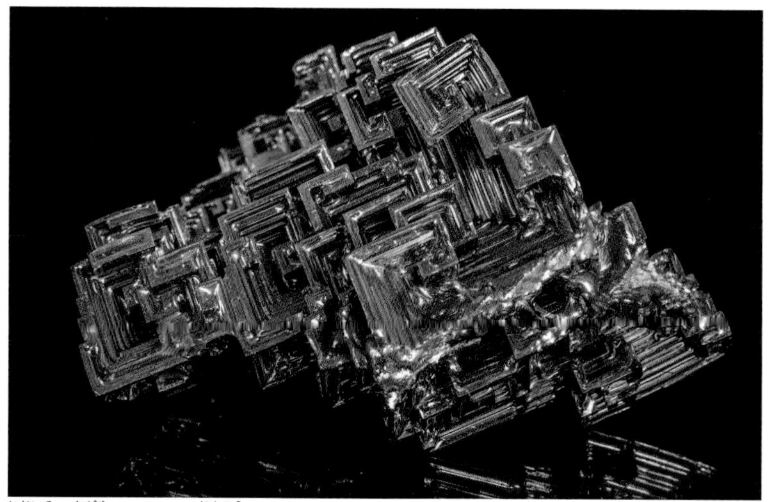

虹色の輝きをもつ人工の「ビスマス」結晶

「骸晶」とよばれる独特の幾何学的な形状になっており，虹色に輝いて見えます。さまざまな産業で利用されているほか，化合物として医薬品や防腐剤などの用途もあります。産出量は圧倒的に中国が多く，主に鉛などの製錬で副産物として得られます。常温下では磁石に反発するという特徴があります。

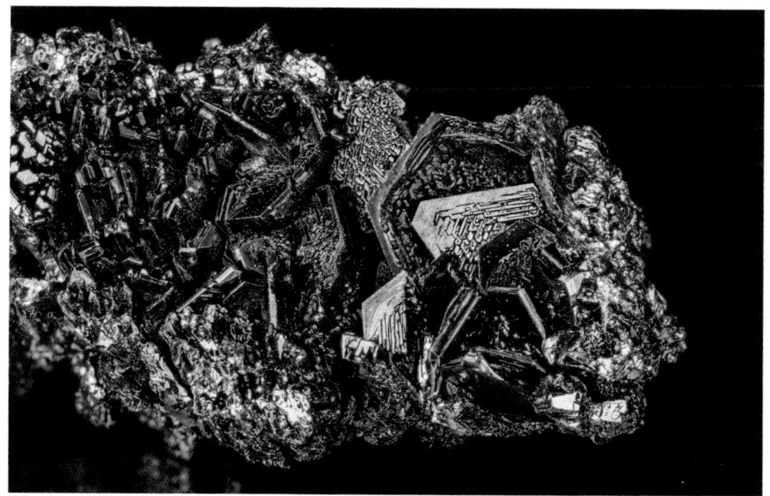

用途の広い人工鉱物「モアサナイト」

炭素とケイ素の位置関係がことなるたくさんの結晶多形があり，六方晶系や立方晶系の結晶をつくります。硬くて熱や腐食に強く，半導体としてもすぐれているため，電子部品や宇宙航空，産業機械などさまざまな分野で非常に幅広く利用されています。美しい輝きをもっており，装飾品としても人気があります。

隕石

惑星間空間から地球に突入してきた彗星や小惑星，惑星の破片のうち，大気圏で燃え尽きずに地上に落下したもの。隕石の多くは鉄を含んでいるので磁石につく。

雲母

アルミニウムやカリウム，ナトリウムなどを含む層状ケイ酸塩鉱物のこと。造岩鉱物の一つで，結晶が薄くはがれるため「千枚はがし」ともいわれる。英語ではマイカ（mica）。

海洋プレート

海底をおおうプレート。地殻（海洋地殻）とマントル最上部が冷え固まったものからなり，大陸プレートより密度が高く重い。

火山岩

マグマ由来の火成岩の中でも，地表近くで急冷されたもの。結晶が大きく成長する前に固まるため，細かい粒の鉱物で構成されていることが多い。

化石

長い年月をかけて生物が鉱物化したものをさす。琥珀のように樹液が固まったもの，骨などのすき間に別の成分が沈殿してオパール化したもの，木材などにケイ酸が浸透したもの（珪化木）などがある。石油は液状化した化石である。

岩石

道ばたに落ちている石も，大きな岩も，すべて科学的には岩石となる。鉱物の中でも美しく光り輝き，人間にとって希少価値があるものは「宝石」，資源として有用な鉱物やそれを含む岩石は「鉱石」とよばれる。

ケイ素

ケイ素（珪素）は炭素族元素の一つ。二酸化ケイ素はシリカとよばれる。ケイ素は酸素と結びつき，造岩鉱物に多く含まれている元素。宇宙では８番目に多い元素といわれているが，地球では３番目に多い元素で，地球のほかに，水星や金星，火星などにもケイ素が存在する。

結晶

原子が一定の周期で規則正しく並んで固体となっているもの。原子の結合のしかたは主に3種類ある。「共有結合」は複数の原子の間でたがいの電子を共有し合うことで結びつく結合である。「イオン結合」は，陽イオン（＋）と陰イオン（－）が静電気力（クーロン力）で引き合って結合する。「金属結合」は，金属原子のいちばん外側にある電子が複数の原子の間を自由に動きまわることで結合している。

原石

加工する前の宝石（鉱石）のこと。研磨することで美しく輝く宝石になる。

鉱物

岩石を構成する無機物の固体のこと。ただし，常温で液体である自然水銀や木の樹液が化石となった琥珀など例外もある。

合金

単一の金属原子からなる純金属に1種類以上の他元素をまぜた金属素材をさす。きわめて高い温度にも耐えられるものは超合金とよばれる。合金の一つであるステンレス鋼などは約700 ～ 850℃までしか使えない。主にニッケルやコバルトを主成分とした合金は1000℃以上でも使えるため，飛行機のジェットエンジンなどに使われている。

国際鉱物学連合

鉱物名の統一などを目的として，日本鉱物科学会をはじめ，世界38か国の団体で構成された国際組織。国際地質科学連合（IUGS）と連携している。

沈み込み帯

プレートとプレートが重なり合う部分で，一方のプレートがもう一方のプレートの下に沈み込む。沈み込んだ部分を「スラブ」という。

周期表

19世紀になって元素の解明が進むにつれて，その法則性に気づき，さまざまな学者が整理をはじめた。そして1869年にロシアの化学者ドミトリ・メンデレーエフ（1834 ～ 1907）がその決定版ともいえる「周期表（元素周期表 ）」を発表した。その後，新たな列（族）を追加するなどして改定が重ねられた。現在でも，新たな元素が発見されるたびに改良が加えられている。

ジョージ・フレデリック・クンツ

アメリカの宝石学者・鉱物学者（1856 ～ 1932）。少年時代から鉱物に興味をもち，ニューヨークにある宝石店「ティファニー」に迎えられる。タンザニア産のゾイサイトを「タンザナイト」と命名するなど，多くの宝石がクンツによって世に送りだされた。宝石だけではなく，アメリカの自然史や鉱物関連の団体の要職を歴任し，数多くの学術論文を発表している。

触媒

それ自体は何も変化しないが，少量存在することで，化学反応の速度をはやめる物質のこと。

深成岩

マグマ由来の火成岩の中でも，地下でゆっくりと固まったもの。結晶が十分に成長し，粒の大きさが比較的そろった鉱物をもつようになる。

石英

ほとんどの岩石に含まれる透明な鉱物。宝飾品としても使われるが，工業製品にも使われている。砂状になった石英はケイ砂とよばれる。

堆積岩

海や湖の底に降り積もった砂や泥などの堆積物が押し固められたもの。

変成岩

岩石が地下で熱や圧力などの「変成作用」を受け，鉱物の種類や大きさなどが変化したもの。マグマに近接して熱の影響を受ける「接触変成岩」と，プレートの沈み込みによって高圧状態となって生成される「広域変成岩」がある。

マグマ

地下に存在するとけた岩石のこと。主にマントルをつくる岩石が部分的にとけ，液体になることで生じる。

マントル

核の外側にある厚さ約2900キロメートルの層で，下部マントルと上部マントルに分けられる。二酸化ケイ素を主成分とする岩石でできており，その割合は45％とみられている。

モース硬度

鉱物の硬さをあらわすものとして一般的に使われる指標。硬度を調べたい鉱物と基準となる鉱物をすり合わせ，どちらに傷がつくかで判定する。数字が大きいほど硬度が高く，滑石は硬度1，石英は硬度7，ダイヤモンドは硬度10である。

レアメタル

経済産業省では「地球上の存在量がまれであるか，技術的・経済的な理由で抽出困難な金属のうち，安定供給の確保が政策的に重要」としている。近年では，使われなくなった，金属が含まれた工業製品をリサイクルし，レアメタルを含む金属を取りだすことも実施されている。ネオジムなど，レアメタルの一部（希土類元素）は「レアアース」とよばれる。

和名

正式名称とは別に，見た目などをもとにつけられた日本でのみ使われる名称。漢字であらわされることが多く，鉄はそのまま「鉄」をあらわすが，苦土は「マグネシウム」をあらわしている。ほかにも，礬は「アルミニウム」，満は「マンガン」，灰は「カルシウム」，曹は「ナトリウム」をそれぞれあらわしている。

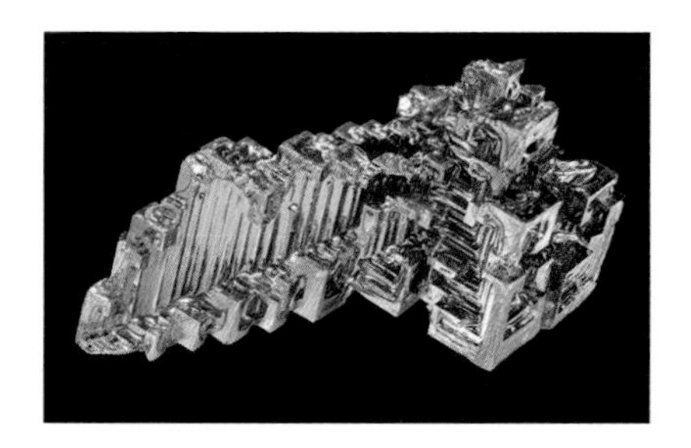

おわりに

これで『鉱物大事典』はおわりです。いかがでしたか？

ここまで数多くの鉱物たちを紹介してきましたが，その中で知っているものはいくつありましたか。たとえばルビーとサファイアは，一見まったくちがう宝石ですが，同じ種類の鉱物です。逆にルビーとスピネルはそっくりですが，ちがう種類の鉱物です。

また，金は銀よりも輝きが強いと思われがちですが，実は銀のほうが光をよく反射します。トルマリンは宝石として有名ですが，帯電することから電気石ともよばれています。よく知っている鉱物でも，意外と知らない一面があっておどろいたのではないでしょうか。

宝石だけでなく，原石そのものも個性豊かな形，色，美しさから，観賞用として愛されています。人工結晶もまた，その独特の美しさに魅力があります。本書で紹介したビスマスの人工結晶は，実はホームセンターで売られている材料などで自作することも可能です。

鉱物にもっと興味がわいたという人は，ぜひいろいろな本を読んでみたり，博物館に足を運んだりしてみてください。

ダイヤモンドの原石
（南アフリカ産）Ⓟ

曲がったり反射したり
光は不思議な性質をもつ

夕焼け空にダイヤの輝き,
光を知ればしくみもわかる

身近で便利な科学技術にも,
光は欠かせない存在!

―― 目次（抜粋）――

Staff

Editorial Management　中村真哉
Cover Design　秋廣翔子
Design Format　村岡志津加（Studio Zucca）
Editorial Staff　上月隆志，谷合 稔

Photograph

以下のマークのある写真は松原 聰氏提供
P：個人蔵
N：国立科学博物館（櫻井鉱物標本など）
表紙カバー，表紙，2　Björn Wylezich/stock.adobe.com，vladk213/stock.adobe.com
8-9　stellar/stock.adobe.com
9　vladk213/stock.adobe.com
11　Mara Fribus/stock.adobe.com，Alejandro/stock.adobe.com，Björn Wylezich/stock.adobe.com，enskanto/stock.adobe.com
14　photo_HYANG/stock.adobe.com，michal812/stock.adobe.com，Tyler Boys/stock.adobe.com，Nutt/stock.adobe.com，vvoe/stock.adobe.com
15　Montree/stock.adobe.com，Pannarai/stock.adobe.com，産業技術総合研究所 地質標本館，kavring/stock.adobe.com，siimsepp/stock.adobe.com，Ekaterina/stock.adobe.com
21　Ekaterina/stock.adobe.com
22　Ekaterina/stock.adobe.com
23　kimtaro2008/stock.adobe.com，Minakryn Ruslan/stock.adobe.com，Mara Fribus/stock.adobe.com
29　Karol Koz_owski/stock.adobe.com
36　stellar/stock.adobe.com
38　Minakryn Ruslan/stock.adobe.com，jahet7/stock.adobe.com
39　vladk213/stock.adobe.com
40-41　nantarpats/stock.adobe.com
41　Africa Studio/stock.adobe.com，sarawut795/stock.adobe.com
42　New Africa/stock.adobe.com
43　Diamon jewelry/stock.adobe.com，Sergejs/stock.adobe.com，Minakryn Ruslan/stock.adobe.com，Nika Lerman/stock.adobe.com，Levon/stock.adobe.com
45　DiamondGalaxy/stock.adobe.com，Glass Hat Pro/stock.adobe.com
51　sarawut795/stock.adobe.com，NOTE OMG/stock.adobe.com，Africa Studio/stock.adobe.com
52　epitavi/stock.adobe.com，Minakryn Ruslan/stock.adobe.com
53　Marco/stock.adobe.com，chic2view/stock.adobe.com，zagursky/stock.adobe.com
55　M.Dörr & M.Frommherz/stock.adobe.com，Trutta/stock.adobe.com，RomanVX/stock.adobe.com
56　gozzoli/stock.adobe.com
57　DiamondGalaxy/stock.adobe.com
59　The Cuevax/stock.adobe.com，M.Dörr & M.Frommherz/stock.adobe.com，DiamondGalaxy/stock.adobe.com，Galka3250/stock.adobe.com，Björn Wylezich/stock.adobe.com，andy koehler/stock.adobe.com
60　pickypic/stock.adobe.com
61　Levon/stock.adobe.com，Joachim Roth/stock.adobe.com，S_E/stock.adobe.com，Minakryn Ruslan/stock.adobe.com，ikonacolor/stock.adobe.com
63　nantarpats/stock.adobe.com，ads/stock.adobe.com，litchima/stock.adobe.com
64　ala/stock.adobe.com
65　Galka3250/stock.adobe.com，M.Dörr & M.Frommherz/stock.adobe.com，Levon/stock.adobe.com
66　popovj2/stock.adobe.com，popovj2/stock.adobe.com
67　Minakryn Ruslan/stock.adobe.com，andy koehler/stock.adobe.com
69　AnnaPa/stock.adobe.com，Joshua/stock.adobe.com，Atelier 104/stock.adobe.com
72　Cavan/stock.adobe.com
73　AB Photography/stock.adobe.com，Madele/stock.adobe.com
74-75　Kacpura/stock.adobe.com
75　M.Dörr & M.Frommherz/stock.adobe.com
76　stellar/stock.adobe.com，Bogahan/stock.adobe.com
77　Delennyk/stock.adobe.com，Minakryn Ruslan/stock.adobe.com，stellar/stock.adobe.com
80　Sergejs/stock.adobe.com
81　gmstockstudio/stock.adobe.com，（太陽光下・白熱光下）松原聰・撮影：北脇裕士
82　Henri Koskinen/stock.adobe.com
83　Minakryn Ruslan/stock.adobe.com，Sergejs/stock.adobe.com
85　berkay08/stock.adobe.com，Minakryn Ruslan/stock.adobe.com
86　Björn Wylezich/stock.adobe.com
88　stellar/stock.adobe.com
89　Björn Wylezich/stock.adobe.com，BGStock72/stock.adobe.com，richpav/stock.adobe.com，epitavi/stock.adobe.com，New Africa/stock.adobe.com
90　Igor Kali/stock.adobe.com
91　siimsepp/stock.adobe.com
93　AnnaPa/stock.adobe.com，vvoe/stock.adobe.com，zlata_titmouse/stock.adobe.com，M.Dörr & M.Frommherz/stock.adobe.com
95　DiamondGalaxy/stock.adobe.com，Minakryn Ruslan/stock.adobe.com
97　Minakryn Ruslan/stock.adobe.com
98　Kacpura/stock.adobe.com
99　elen31/stock.adobe.com，Minakryn Ruslan/stock.adobe.com，photomic/stock.adobe.com，Anastasia Tsarskaya/stock.adobe.com
102　Minakryn Ruslan/stock.adobe.com，vvoe/stock.adobe.com
103　Sergejs/stock.adobe.com，ozef_cg/stock.adobe.com
104　Ирина Р./stock.adobe.com
105　Andriy/stock.adobe.com，helenedevun/stock.adobe.com，imagosrb/stock.adobe.com，Lvnel/stock.adobe.com
113　anamejia18/stock.adobe.com
119　urtseff/stock.adobe.com
121　和義 大成 /stock.adobe.com
122　Björn Wylezich/stock.adobe.com
123　merlin/stock.adobe.com
125　metamorworks/stock.adobe.com，Mark Markau/stock.adobe.com，小澤恵右 /stock.adobe.com
127　japolia/stock.adobe.com
129　SL-Photography/stock.adobe.com
136　Lost_in_the_Midwest/stock.adobe.com
137　Minakryn Ruslan/stock.adobe.com，KPixMining/stock.adobe.com
139　Björn Wylezich/stock.adobe.com

Illustration

12-13　Newton Press
16-17　Newton Press
21　羽田野乃花
23　羽田野乃花
24-25　Newton Press
26　pichikororo/stock.adobe.com
28-29　羽田野乃花
30　羽田野乃花
31　小林 稔，羽田野乃花
32～35　羽田野乃花
37　藤丸恵美子
45　Newton Press
47～48　Newton Press
64　Newton Press
69～71　Newton Press
73　【遊色効果】Newton Press,【真珠貝】Trifonenko Ivan/stock.adobe.com
78　Newton Press
95　Newton Press
105　Keiko Takamatsu/stock.adobe.com
108～110　Newton Press
111　Newton Press，【スマートフォンスピーカー】木下真一郎
112　Newton Press
114　Newton Press
116-117　Newton Press
120　kmls/stock.adobe.com
127　こんのえま /stock.adobe.com，max_776/stock.adobe.com，Manshagraphics/stock.adobe.com
129　Newton Press
131　Newton Press
133　Newton Press

本書は主に，Newton大図鑑シリーズ『鉱物大図鑑』，[illegible]『美しく奥深い鉱物の世界 鉱物事典』の一部記事を抜粋し，大幅に加筆・再編集したものです。

監修者略歴：

松原 聰／まつばら・さとし

1946年生まれ。京都大学大学院理学研究科修士課程修了。同博士課程中退。理学博士。元国立科学博物館研究調整役・元地学研究部長。元日本鉱物科学会会長。主な著書に『図説鉱物の博物学』，『図説鉱物肉眼鑑定事典』などがある。

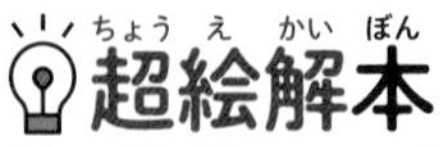

超絵解本

美しい形や色のひみつを科学で解き明かす

宝石からレアメタルまで 鉱物大事典

2023年12月15日発行

発行人　高森康雄
編集人　中村真哉
発行所　株式会社 ニュートンプレス
〒112-0012東京都文京区大塚3-11-6
https://www.newtonpress.co.jp
電話 03-5940-2451

ISBN978-4-315-52758-2